U0193306

中国科学家爸爸思维训练丛书

给孩子的数学思维课

昀爸 昀妈 ® 著

中国妇女出版社

图书在版编目（CIP）数据

给孩子的数学思维课 / 旸爸，旸妈著. -- 北京 ：
中国妇女出版社，2020.11（2025.1重印）
（中国科学家爸爸思维训练丛书）
ISBN 978-7-5127-1879-1

Ⅰ.①给… Ⅱ.①旸…②旸… Ⅲ.①数学－少儿读
物 Ⅳ.①O1-49

中国版本图书馆CIP数据核字（2020）第104934号

给孩子的数学思维课

作　　者：旸 爸 旸 妈 著	
责任编辑：肖玲玲	
封面设计：尚世视觉	
责任印制：王卫东	
出版发行：中国妇女出版社	
地　　址：北京市东城区史家胡同甲24号	邮政编码：100010
电　　话：(010) 65133160（发行部）	65133161（邮购）
网　　址：www.womenbooks.cn	
法律顾问：北京市道可特律师事务所	
经　　销：各地新华书店	
印　　刷：北京中科印刷有限公司	
开　　本：165×235　1/16	
印　　张：17.25	
字　　数：190千字	
版　　次：2020年11月第1版	
印　　次：2025年1月第13次	
书　　号：ISBN 978-7-5127-1879-1	
定　　价：69.80元	

　　我指导的学生张国强（笔名旺爸）2008 年在中国科学院计算技术研究所获得博士学位后，到南京师范大学工作，现在是该校计算机学院的教授，还获得过"百名青年领军人才"荣誉。他在读中学时曾获得全国数学联赛一等奖、江苏赛区第一名，高考数学满分。2016 年，他在微信上开设公众号"旺爸说数学与计算思维"（xuanbamath），给中小学生和数学爱好者讲解数学思维，受到广泛好评。2020 年，中国妇女出版社邀请他写了一本科普著作《给孩子的数学思维课》，并约我写序，我欣然同意。因为给大人们看的数学科普著作不少，而给孩子们传播数学思维和计算思维的书尚不多见，所以这本书值得推荐。

　　奥数在中国曾经牵动千家万户，因为奥赛的佼佼者不仅可以高考加分，而且可以免试进入清华、北大等重点高校。无数家长逼着孩子上课外奥数班，多数孩子在被灌输的"难题""怪题"中没有体会到钻研数学的乐趣，反而感到苦不堪言，因为他们没有从奥数教育中培养出数学思维的兴趣，更没有产生强烈的好奇心。其实，奥数的本意并不是在课堂教育之外超前学习更多的数学知识，也不是学一些对付"脑筋急转弯"的"套路"，奥数与数学课堂教育的目的都是培养学生的数学思维能力。我相信，如果按照《给孩子的数学思维课》一书中所介绍的方法去教奥数或者上正规的数学课，孩子们对数学一定会产生浓厚的兴趣。

我上初中的时候，似懂非懂地读了一本封面已泛黄的书《科学概论》。书中讲了一个有趣的故事：很久以前埃及有个残暴的国王，他每天都要杀一个人，杀人之前要被杀者讲一句话，如果讲的是真话就要被砍头，如果说假话就要被绞死。一句话非真即假，因此没人能逃脱被杀的命运。然而有一个聪明人，他讲了一句话："我是被绞死的。"这样国王砍他头不行，绞死他也不行，只好把他放了。这个故事讲的是"数理逻辑"，我读完这个故事后觉得太神奇了，当时就想长大了一定要研究这门学问。后来，我几经波折终于还是做了计算机与人工智能研究的工作，这个工作与数理逻辑有很密切的关系。我感受到，小时候的兴趣和好奇真的可以受益一辈子。

《给孩子的数学思维课》这本书最大的特点是汇集了在生活中培养数学思维的案例，把抽象的数学思维方法讲得明明白白、引人入胜。用一个班 36 个学生存在两人同年同月同日生的可能性高于 80% 的"生日悖论"解释了概率思维；从三刀能将生日蛋糕切成多少块提炼了抽象思维；从报数游戏和汉诺塔游戏中总结出逆向思维和递归思维；书中还有许多有趣的生活案例分别阐述了整体思维、极限思维、对称思维，等等。这些思维方式都是数学的真谛，数学思维能力的培养比死记硬背数学公式、用题海战术对付考试重要得多。

人类是群居的动物，天性倾向于随大流和听信他人。数学思维并不是人的本能，只能靠后天刻意培养才能习得。多数家长只关心孩子学到了多少知识，一些很吸引眼球的电视节目也多半是表现天才青少年惊人的记忆能力，但在互联网如此发达、信息触手可及的今天，记忆能力已显得不那么重要，掌握科学思维方法比熟记很多知识更有价值。完整的科学思维体系是螺旋式上升的循环：观察事实—用逻辑推出结论—批判性看待结论并对其进行调整—寻找新的事实。对于中小学生而言，最核心的教育是培养孩子的品格，包括对未知世界发自内心的好奇心、勇于尝试新事物的热情、审辨性的独立思考（critical thinking）。《给孩子的数学思维课》旨在播下数学思维的种子，让孩子们知道，书本之外还有更丰富的世界，鼓励他们主动将生活中遇到的现象与书本知识联系起来。数学源于生活，又要回到生活中去，再高深的数学最终还是要融入科学实践、生产实践和社会实践中去，离开了人类的实践活动，灿烂的数学之花必将枯萎。

严格地讲，数学是以不可证伪的公理为基础的学科，不属于自然科学，（可以证伪是自然科学的基本属性）而是形式科学，但数学思维和一般的科学思维有许多共同之处。数学思维和科学思维不是冷冰冰的说教，而是有"温度"的，这种温度就是"情感"。情感是人对客观事物所持的态度体验，特别是对人类社会需求的态度体验。著名数学家丘成桐先生说过："中国的理论科学家在原创性上还是比不上世界最先进的水平，我想一个重要的原因是我们的科学家人文的修养还是不够，对自然界的真和美感情不够丰富。"回顾科学发展史可以发现，在解决关键的科学问题时，科学家的主观感情起着极为重要的作用，这种感情是科学发现的原动力！如果一个年轻人对自己要钻研的学问怀有浓厚的感情，就不但能"独上高楼，望尽天涯路"，还能"衣带渐宽终不悔"。高尚情感的养成与人文教育密切相关，有志于科学研究的年轻人不但要重视数学思维的训练，还要重视人文素质的培养。

20 世纪 80 年代我在美国普渡大学读博士时，普渡大学计算机系曾做了一次"计算机学者的成就与中小学基础教育的相关性调查"，跟踪与溯源调查结果表明：计算机系毕业生取得成就的大小与他是否及早接触计算机相关性不大，即计算机从娃娃抓起的学生没有明显优势，而与中学的语文和数学成绩有较强的相关性。人们很容易理解计算机与数学强相关，但往往不太理解为什么与语文强相关。美国没有单独的语文课，语文课包括阅读、写作、沟通等一系列课程。阅读拓宽视野，启迪思维；写作使人逻辑清晰，思想深刻；沟通强调传递思想的理性和效率。这些素质不仅是对计算机学者的要求，而且对其他科研领域同样重要。美国 SAT 考试（相当于我国的高考）只考阅读、写作、数学三科，可见对语文教育的重视。我国最近几年才取消高考文理分科，许多中学生还是重理轻文。中学是基础教育，要重视全面发展，防止过早学科化和专业化。世界上许多大科学家都是文理兼备，如爱因斯坦、玻尔、普朗克等。著名物理学家李政道，数学家丘成桐、苏步青等都有很高的文学修养。在数学和物理领域均有杰出成就、创立了超弦 M 理论又获得过菲尔兹奖的爱德华·威腾 (Edward Witten) 教授，被学术界誉为"当代的牛顿"，他读本科时是历史学专业的学生。因此，有志于增强数学思维能力的中学生要自觉地提高自己的人文素养，培养浩然之气。

中 国 工 程 院 院 士
第 三 世 界 科 学 院 院 士
中 国 计 算 机 学 会 原 理 事 长

我的朋友旸爸是一位大学计算机专业的教授和研究生导师，他高中时参加全国数学奥林匹克竞赛时获得过江苏赛区第一名。3 年前，他说要写一本关于数学思维方面的书，然后就开始默默地笔耕不辍。最近，他突然说书快要付印了，嘱托我写序，我这才得以拜读到他的大作《给孩子的数学思维课》。

刚拿到书稿时，书的目录就让我眼前一亮。这本书没有按照知识点组织内容，而是按照思维的方式对内容加以组织。这种组织方式并不局限于掌握某个知识点，有利于培养孩子的数学思维，更有利于孩子的长远发展。继续阅读下去，我发现这本书与传统的数学读物迥异，是真正的生活中的数学，不仅专业，而且非常接地气。

源于生活的数学，对于培养孩子的数学学习兴趣和探索精神是非常重要的。在《给孩子的数学思维课》这本书里，旸爸从看得见、摸得着的生活案例出发，讲述它们背后的数学故事，剖析其中的数学原理，激发孩子的数学兴趣，培养孩子的数学思维，角度非常独特。本书中许多问题的讲解方式与传统的数学解题方式不同，是从一个研究者解决未知问题的角度出发，通过一步步尝试，从已知到未知、从简单到复杂，过程虽然曲折，但结果令人豁然开朗。作者以一种孩子可以触摸和感知的方式，为孩子们打开了数学的大门。

数学是科学之母。在航天工程、人工智能、金融系统、核物理试验、生物信息学等几乎所有的自然科学和工程技术中，数学都起到了支柱作用。数学思维能力，是未来学习各学科的重要基础，是通往想象力、理性分析、逻辑思考和抽象思维的桥梁。希望《给孩子的数学思维课》一书能帮助你打开数学思维，提升数学修养。

当然，本书中有部分术语、推导过程可能超出一些读者的认知范围，但这并不影响本书主旨的传递。

夏建国

南京师范大学数学科学学院教授

江苏省数学学会普委会原副主任

罗马尼亚大师杯中国队原领队

目 录

绪论　数学源于生活

历史上的数学故事

> 一个国家只有数学蓬勃发展，才能展现出它国力的强大。
> ——拿破仑

　　提起数学，很多人都承认它的重要性，但同时又有一种畏惧心理，认为数学是抽象的、难学的。那么，数学是不是真的高高在上、拒人于千里之外呢？其实不然。俄罗斯数学家罗巴切夫斯基曾说："不管数学的任一分支是多么抽象，总有一天会应用到这实际世界上。"我国数学家华罗庚也曾说："宇宙之大，粒子之微，火箭之速，化工之巧，地球之变，生物之谜，日用之繁，无处不用数学。"这些话精彩地描述了数学与生活的密切联系。

　　实际上，数学很亲民。数学源于生活，高于生活，又回归生活。生活中处处都有数学的踪影。既然这样，那为什么许多人仍会觉得数学高高在上呢？归根结底，还是因为我们的数学教育与生活联系得不够密切。虽然我国新制定的《义务教育数学课程标准》十分强调数学与现实生活的联系，指出"数学是人们生活、劳动和学习必不可少的工具，能够帮助人们处理数据，进行计算、推理和证明"，但是，在应试的压力下，目前的数学教育还是以刷海量的、与生活缺乏联系且枯燥的题目为主。

　　好奇心是一切学习活动的内驱力和催化剂。如果我们在生活中注意观察，少一点儿想当然，多一点儿好奇，并在此基础上对孩子加以适当引导，让孩子在日常生活中感受数学的奥妙与数学之美，对提升孩子的数学学习兴趣和启发孩子的数学思维能起到非常积极的作用。

事实上，历史上数学的发展也与人们的生活密不可分。几何学的诞生就是一个很好的例子。相传4000年前，埃及的尼罗河每年洪水泛滥，总是淹没两岸的土地，水退后，土地的界线变得不分明。当时，埃及的劳动人民为了重新测出被洪水淹没的土地的地界，每年都要进行土地测量，因此积累了许多测量土地方面的知识，从而产生了几何学的雏形。

下面我要介绍的三则历史上的数学故事都与生活紧密相关。第一个是许多人都熟知的七桥问题，第二个是拿破仑巧用几何学打胜仗的逸事，最后一个则是曾经的世界著名数学难题之一——"四色问题"。

七桥问题与图论的诞生

图论诞生的故事为人们所津津乐道，其原因之一就在于它来源于生活。相传，哥尼斯堡有一条河，河上有两个小岛，岛上有7座桥，其中，有6座桥连接着岛与河岸，最后一座桥则连接着两个岛。岛上有古老的哥尼斯堡大学和教堂，还有哲学家康德的墓地和塑像。城中的居民（尤其是大学生们）经常沿河过桥散步。有一天，一个好奇的人提出如下问题：

一个散步者能否一次走遍7座桥，而且每座桥只许通过一次，最后仍回到起始地点？

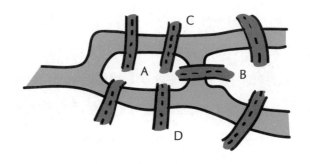

这就是著名的七桥问题。它看似简单，然而很多人做了不懈的尝试却始终未能找到答案。因此，一群大学生就写信给当时在圣彼得堡科学院任职的二十多岁的天才数学家欧拉，请他分析一下这个问题。孰料，这一请教影响深远，开创了图论这一数学分支。

欧拉用简单的几何图形来表示陆地和桥，如下图所示，于是七桥问题就转变为能否一次且仅一次遍历图中所有的边。经过一番研究后，他得出了一个图形能达到该要求（或称图形能一笔画）的充要条件：

①图形必须是连通的；

②图中的"奇点"（也就是一个顶点连接的边数为奇数）个数是 0 或 2。

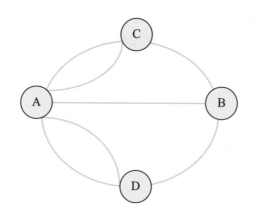

如果图中的奇点个数为0，则该图可以一笔画，并且可以回到起点，对应的路径也称为欧拉回路。而如果图中的奇点个数是2，则图是可以一笔画的，但无法回到起点，所对应的欧拉路径一定是以图中的一个奇点为起点，而以另一个奇点为终点。

七桥问题为何无解？原因在于它存在4个奇点。直观地想一下，要经过图中所有边而不重复，那么所有既非起点又非终点的节点所连的边数必定为偶数（一进一出必须相匹配），因此4个奇点的图形是不能一笔画的。

其实，我们在写汉字的时候也会碰到一笔画问题。有兴趣的读者可以尝试一下，如日、中、串、木、虫等汉字能否一笔画？英文中也有类似问题，如26个大写的英文字母能否一笔画？

欧拉是数学史上公认的最伟大的4位数学家之一，其余3人分别是阿基米德、牛顿和高斯。欧拉不仅在数学上做出了伟大的贡献，而且把数学用到了整个物理领域。他是科学史上最多产的数学家。据统计，他一生的专著和论文有800多种。他在数学上的贡献覆盖了从数论、函数、微积分到图论等多个领域。正因为他的贡献太多，以至于谈到欧拉公式时，我们都不禁要追问一句：慢着，你说的是哪个欧拉公式？

酷爱数学的拿破仑

数学与人们的日常生活密不可分，甚至能左右一场战斗的胜负。拿破仑是法兰西第一帝国的缔造者。提起拿破仑，很多人都会对这位军事家的杰出才能啧啧称赞，也有人为他的滑铁卢之败深感惋惜，还有人对他与约瑟芬的旷世爱情唏嘘不已……但鲜为人知的是，拿破仑是一位极具天赋的数学爱好者，他为法国数学事业的发展做出了巨大贡献，他的数学天赋为他取得战场的胜利立下了汗马功劳。

拿破仑是炮兵学院出身，在校期间，他潜心研究过弹道学。拿破仑的专业技术非常厉害，在土伦战役中，他指挥炮兵部队一打一个准，十分惊人，他也从此脱颖而出。后来他在军队中积极推广先进的数学方法，如三角函数、微分方程等。拿破仑对炮兵和海军军官工程师提出了很高的要求，以至于他的大炮打到哪里，工程师的图就得画到哪里。拿破仑在几何学上颇有造诣，甚至有专门以拿破仑命名的"拿破仑定理"和"拿破仑问题"。

拿破仑的数学才华对他在战场上屡创奇迹起到了至关重要的作用。据传，1805年，拿破仑率军与普鲁士、俄国联军在莱茵河南北两岸对阵。两军都想向对方阵地开炮，但是不知宽度的莱茵河成为双方的阻碍，没有精确射程的炮击成了浪费弹药的竞赛。在这种情况下，谁能率先测量出河的宽度，谁就能占得先机。

为了解决这个难题，拿破仑每天远眺莱茵河，在岸边来回踱步。有一次，他偶然发现，对岸的边线（北岸线）恰巧擦着自己戴的军帽檐，于是，计上心来。他在这个地点做了一个记号，然后沿着莱茵河的垂直方向一步一步往后退，一直退到莱茵河南岸线也擦着自己军帽檐的地方，停下来又做了个记号。拿破仑让部下丈量出这两个记号之间的距离，并告诉部下："这就是莱茵河的宽度。"

当天傍晚，法军大炮向对岸敌军阵地射击。炮弹就像长了眼睛般，纷纷飞入敌营。敌军顿时大乱，全线溃败，而法军凭借拿破仑的数学才华大获全胜。

　　这则逸事是理论联系实际在战场上的最佳体现。为什么拿破仑所说的那两个点之间的距离就是莱茵河的宽度呢？利用小学的平面几何知识就能证明这一点。如下图所示，A、B 分别是莱茵河的南岸和北岸。第一次，拿破仑的眼睛 C、军帽檐与北岸 B 呈三点一线，即图中所示的 BC；第二次，拿破仑后退到 D 的位置，眼睛、军帽檐与法军这一侧的南岸 A 呈三点一线，即图中的 AD。由于两次的直线平行，ABCD 构成了平行四边形，因此，莱茵河 AB 的宽度与 CD 的长度相等。

　　拿破仑非常重视法国的数学教育，他曾说："一个国家只有数学蓬勃发展，才能展现出它国力的强大。"他认为，人才培养的关键是教育。从 1802 年至 1808 年，他颁布了一系列法令，确立了法国精英制大学校的高等教育模式，旨在培养理论联系实际、既有知识又有应用技术的人才。实际上，目前法国最好的两所精英大学——巴黎高等师范学院（École normale supérieure de Paris）和巴黎综合理工学院（École Polytechnique），就是在拿破仑时代组建的。拿破仑极为珍惜人才。1814 年，当反法联军兵临城下，法国兵员短缺，有人提议调巴黎理工学院的学生参加战斗，但是拿破仑说："我不愿为取金蛋而杀掉我的老母鸡。"这句名言后来被镌刻在巴黎综合理工学院梯形大教室的天花板上。

地图着色与四色定理

生活不仅为数学提供了用武之地，而且为数学提供了广泛的素材。可以说，离开了生活，数学就成为无源之水。

儿子昍的床头挂着一幅中国地图，该地图用了 5 种颜色来对每个省份着色，确保任何两个相邻的省份拥有不同的颜色。

相信每个人都看过地图，只不过大部分人对地图的颜色并不关心。但是，真的需要用 5 种颜色来着色吗？

一个半世纪以前，毕业于伦敦大学的弗南西斯·格思里在一家科研机构做地图着色时，发现了一种有趣的现象：每幅地图最多使用 4 种颜色着色，就可以使得有共同边界的国家都被着上不同的颜色。[①]

弗南西斯·格思里没有想到的是，他的这一发现连当时的数学家哈密尔顿爵士都未能证明，最终"四色猜想"成为与费马大定理和哥德巴赫猜想并列的世界近代三大数学难题之一。可见，只要我们善于观察、思考和发现，世界数学难题就在我们身边。也许你就是下一个世界数学难题的提出者。

一个多世纪以来，数学家们为了证明这条定理绞尽脑汁，所引进的概念与方法刺激了拓扑学与图论的发展。四色问题的证明也出现多

---

① 这个结论有个前提条件，就是这些国家或地区不能像曾经的"日不落帝国"英国一样有海外飞地，也就是说一个国家的版图必须连在一起。

次乌龙，好几次证明方案最后都被证明是错的，不过这些错误都为后续证明提供了宝贵的经验。

20 世纪 70 年代，计算机功能的提升使穷举法如虎添翼。直到 1976 年，人们才利用计算机强大的计算能力，用了 1200 多个小时，作了 100 亿个判断，最终证明了四色定理。

有人专门为四色问题的历史写了本书，叫《四色足够》（*Four Colors Suffice*）。但是，简单的四色问题采用这种暴力穷举的证明方法，完全丧失了数学本该有的简洁与美。如今，四色定理依然期待着一个与其问题描述本身相匹配的优雅证明。

亚里士多德曾说："思维自疑问和惊奇开始！"生活中，我们把很多现象认为理所当然，而不去探索为什么会这样。如果牛顿也与大家一样认为苹果从树上落下是天经地义，那他就成不了科学家。这一章的几篇文章非常具有典型意义。飞机往返飞行的时间为什么不一样？会读心术的巫师真的能读懂你的内心吗？小学门口接孩子的标牌为什么要那么设计？闰年为什么4年一次，但非400倍数的整百数年份为什么又不是闰年？科幻电影里为什么用素数作为宇宙间高智慧生物之间的沟通信号？本章将为你揭晓这些问题的答案。

一　思维自疑问和惊奇开始

为什么飞机的往返飞行时间不一样

> 逆水行舟，不进则退。
>
> ——梁启超

我去洛杉矶访学时，来回坐的都是东方航空公司的航班。下图是我从上海往返洛杉矶的机票，有过国际旅行经历的朋友可能发现往返的飞行时间不一样：去程约 12 小时，而从洛杉矶返程则接近 14 小时。

东方航空 MU583 波音777(大)	**13:00** 浦东国际机场 T1	⟶	**10:05** 洛杉矶国际机场 B	⊘ 12h5m 直飞

东方航空	MU583	波音777(大)		
7月20日	13:00	PVG 浦东国际机场 T1		飞行时长 12h5m
7月20日	10:05	LAX 洛杉矶国际机场 B		

东方航空 MU586 波音777(大)	**12:30** 洛杉矶国际机场 B	⟶	**17:20** +1天 浦东国际机场 T1	⊘ 13h50m 直飞

东方航空	MU586	波音777(大)		
8月16日	12:30	LAX 洛杉矶国际机场 B		飞行时长 13h50m
8月17日	17:20	PVG 浦东国际机场 T1		

为什么有接近两小时的差别？当时旭妈也有疑问，但我并未能给出合理的解释，有一段时间将该问题束之高阁。现在回想起来，对于一名科研人员而言，这真是一种极不可取的态度。

最近，我正好在看行程问题，又回想起这个问题，觉得该是给它一个交代的时候了。在给出合理的解答之前，先说几种可能的解释。

解释 1：往返的航线不一样。

飞机的航线在地球上大致是沿球面最短路径走的，我坐飞机的时候特地注意过了，往返所走的路线基本一致，从上海到洛杉矶的飞行距离约为 10500 公里。

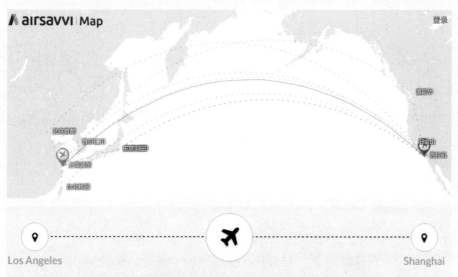

解释 2：往返飞机的速度不一样。

往返坐的同为东航的波音 777 大飞机，两者的飞行速度应该不会有差别。

解释 3：时区的差别。

计算飞行时间时已经把时差计算在内了，否则算出来的飞行时间会很离谱。

解释 4：地球自转的影响。

"一个顺着地球自转的方向飞，一个逆着地球自转的方向飞，因为飞行距离不一样，所以一个时间长，一个时间短。"

这个解释赫然出现在百度作业帮的优质答案中。对此，我表示很无语。显然，给出这个答案的朋友并没有理解毛主席"坐地日行八万里，巡天遥看一千河"的真正含义。地球在转，飞机即便停着，也以地球同样的速度在转，相对于地球的速度来说它的速度就是 0。飞机相对于地球运动的距离和速度不会因为地球的自转而变化。打个比方，在奔驰的列车上，你向前跳和向后跳，相对于列车而言，可不会因为你朝着列车的前进方向跳，就跳得更远。

以上几种解释都是行不通的。那么，到底是什么造成了这两小时的差距呢？答案是风。原来，在北半球的中纬度，无论高空低空，常年都盛行西风。从上海飞往洛杉矶，是从西往东飞，因此是顺风，而返程则是逆风。

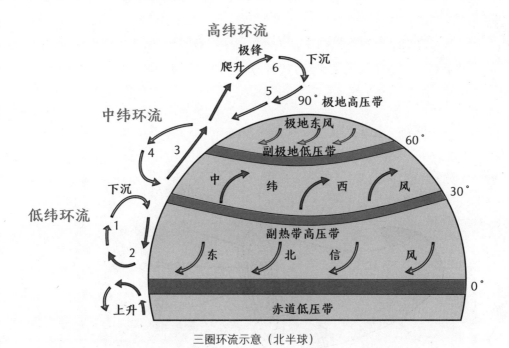

三圈环流示意（北半球）

　　风的力量居然有这么大，能让飞行时间差两小时？这不由得引起我的好奇，不妨通过数据简单估算一下。

　　西风带上1万米高空的西风有个专有名词叫急流（Jet Stream），Stream 就是我们通常说的水流的意思。小学数学中的行船问题（包括顺水行舟和逆水行舟）是行程问题中的经典问题，该问题里的几大要素是：

逆水速 ＝ 船速 － 水流速

顺水速 ＝ 船速 ＋ 水流速

静水速 ＝ 船速

路程 ＝ 速度 × 时间

飞机在 Jet Stream 中飞，可以简单地将 Jet Stream 看成河流，将飞机看成船。空中的风速约为 130 千米 / 小时，风从西向东吹，但会向南或向北偏转，也就是会形成西南风或西北风。

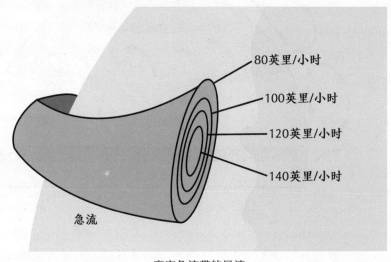

高空急流带的风速

一般来说，无风时飞机的巡航速度为 850 千米 / 小时左右，风速按照 130 千米 / 小时来算，则去程需要 10500÷（850 + 130）= 10.7 小时，返程需要 10500÷（850 − 130）= 14.6 小时。

考虑到飞行方向并非和风向完全一致，因此实际去程的速度要小于 980 千米 / 小时，而返程速度则大于 720 千米 / 小时，这样，计算结果就和实际的航行时间比较吻合了。

其实，不仅仅是中美之间的国际航班，就算国内从南京或上海到重庆或成都这样的东西部之间的航班，往返也会有半小时左右的飞行时间差。下一次坐飞机的时候，你不妨留心观察一下。

小学门口放学点的标牌设计

思维是灵魂的自我谈话。
——柏拉图

昀就读的小学有两三千名学生，每到放学，校门口就熙熙攘攘挤满了急切的家长。为了方便，校门口沿着马路一字排开在围墙上挂着以班级号作为标识的指示牌：一（1）班、二（1）班、三（1）班接孩子处，一（2）班、二（2）班、三（2）班接孩子处……

有的学校则更简洁：各年级 1 班、各年级 2 班，等等。

如果你是学校校长，会怎么设计这些标牌呢？为什么不简单地按年级划分，比如，一年级接孩子处、二年级接孩子处、三年级接孩子处……

在接孩子的时候向孩子抛出这个问题，恰到好处。昀一开始不太明白。于是我提醒了一下：你们一年级、二年级、三年级放学的时间一样吗？

这下孩子反应过来了。因为各年级放学的时间不一样，所以同一年级放学时可以分散到各个以班级号指定的不同接送点。反之，如果用年级号作为接孩子的标识，那么放学时所有同一年级的学生都会聚集到该年级的指定地点，而其他年级的指定地点则会空着。目前采用的这种方式更有利于疏散学生。

当然，如果所有班级同时放学，那上面的设计就没有太大意义了。这也说明了错时放学对于一所有几千名在校生的小学来说是多么必要。

记得有一次，我在北京通州看到某小学门口的地面上密密麻麻地写满了各个班级的班级号。如果每个年级有 4 个班，那么全校就有 24 个班级号。我大胆猜测，这个学校肯定是同一个时间点放学的，否则这么设计就不科学了。

广义而言，上面接孩子的放学点设计就是一个负载均衡问题。我目前从事计算机的研究工作，负载均衡也是我研究方向中的一个重要内容。我们每天访问的百度、新浪、腾讯视频、优酷视频等，背后都有着众多的服务器。虽然上网时每个人输入的是同样的网址，但为我们提供服务的服务器却可能不同。想象一下，世界杯即将开幕，如果央视网络电视的直播服务器只有一台，那你还能很顺畅地看央视直播吗？怎么给服务器分配与其自身服务能力相匹配的工作负载，这本身就是一个有趣的问题。

实际上，排队不仅涉及负载均衡，还涉及公平问题。比如，在"12306"的购票平台出现之前，每次春运，我都要去火车站排队购票，那场景想想都让人头痛。

面对熙熙攘攘的人群，我们通常需要在各个队伍之间做出"明智"的选择。仅仅简单地数一下每个队伍的人数来作决策却不一定是最佳选择。一方面每个售票员的工作效率并不相同，另一方面每个人的服务时间也不一样。熟悉的场景是，春运放票的时间一到，没几分钟票就被卖完了。即便你排在队伍的第二个，也无法保证能顺利购入想要的车票。比如，正当你望眼欲穿的时候，你前面的人拿出了足以让你崩溃的一叠身份证……

怎么能保证公平，让早起的鸟儿真正有虫吃？最好是只排一列队，哪个窗口空了就过去一个人。在国外访学的时候，当地的银行没有叫号系统，但我发现去银行的人确实就只排一列队伍，可见他们是很重视公平性的。

好在我们现在有了计算机和互联网，买火车票可以用"12306"购票平台，去医院可以提前使用相关软件预约，去银行有叫号系统，这大大节省了人们的时间，也体现了公平性。

神秘读心术背后的奥妙

吉卜赛读心术

爱因斯坦曾说:"人类的一切经验和感受中,以神秘感最为美妙,这是一切真正艺术创作及科学发明的灵感源泉。"巧合最富有神秘感,而且它在生活中无处不在。下面是吉卜赛人一个古老的神秘读心术,它能测算出你内心的感应,百试不爽,非常神奇。

读心术是这样的:首先,你在心中从 10 ~ 99 之间任意挑选一个数,并用这个数减去它自己的十位数字与个位数字之和,得到最终的数。然后,从下面给出的图中(左图)找出最终数对应的图形,并把这个图形牢记心中。最后,点击水晶球,出现的竟然就是你刚刚在心里记下的那个图形(右图)!

20

水晶球真的能读懂你的内心吗，抑或仅仅是巧合？碰到如此神秘的事情，孩子的好奇心会被完全激发出来。水晶球当然不能读懂你的内心，背后必有蹊跷。到底是怎么回事呢？不妨再玩一次。重新点击开始，看看会发生什么。

1✦ 2♉ 3♊ 4♊ 5♋ 6✦ 7♊ 8♌ 9♋ 10♈
11♌ 12✦ 13♊ 14✦ 15♎ 16♈ 17♍ 18♋ 19♊ 20♍
21♀ 22♍ 23♍ 24✦ 25♌ 26♍ 27♋ 28♀ 29✦ 30♍
31♋ 32✦ 33♌ 34♈ 35♉ 36♋ 37✦ 38♌ 39♊ 40♀
41✦ 42♉ 43♎ 44♌ 45♋ 46✦ 47♋ 48♈ 49♊ 50♋
51♊ 52♉ 53♊ 54♋ 55♎ 56✦ 57♀ 58✦ 59♎ 60✦
61♎ 62✦ 63♋ 64♍ 65♀ 66♊ 67♈ 68♌ 69♈ 70♉
71♀ 72♋ 73♎ 74♋ 75♊ 76✦ 77✦ 78✦ 79♍ 80♋
81♋ 82✦ 83♍ 84✦ 85♎ 86♍ 87♌ 88✦ 89♋ 90♋
91♍ 92♀ 93♀ 94✦ 95♌ 96♋ 97♊ 98♎ 99♋

　　在看似杂乱无章的图案中，你有没有发现什么？如果还没有什么发现，那么可以观察一下下面图形中我用红色方框标出来的位置。这下你肯定明白了：原来在9的倍数的地方都是一样的图案啊！

1✦ 2♉ 3♊ 4♊ 5♋ 6✦ 7♊ 8♌ 9♋ 10♋
11♌ 12✦ 13♊ 14✦ 15♎ 16♈ 17♍ 18♋ 19♊ 20♍
21♀ 22♍ 23♍ 24✦ 25♌ 26♋ 27♋ 28♀ 29✦ 30♍
31♋ 32✦ 33♌ 34♈ 35♉ 36♋ 37✦ 38♌ 39♊ 40♀
41✦ 42♉ 43♎ 44♌ 45♋ 46✦ 47♋ 48♈ 49♊ 50♋
51♊ 52♉ 53♊ 54♋ 55♎ 56✦ 57♀ 58✦ 59♎ 60✦
61♎ 62✦ 63♋ 64♍ 65♀ 66♊ 67♈ 68♌ 69♈ 70♉
71♀ 72♋ 73♎ 74♋ 75♊ 76✦ 77✦ 78✦ 79♍ 80♋
81♋ 82✦ 83♍ 84✦ 85♎ 86♍ 87♌ 88✦ 89♋ 90♋
91♍ 92♀ 93♀ 94♀ 95♌ 96♋ 97♊ 98♎ 99♋

不过，这个发现和读心术游戏有什么关系呢？不妨随便找几个数来试一下（按照前面说过的方法进行计算：将这个数减去它自己的十位数字与个位数字之和，得到最终的数）：

两位数	最终数
72	$72 - 7 - 2 = 63$
69	$69 - 6 - 9 = 54$
91	$91 - 9 - 1 = 81$

咦，最后的结果都是 9 的倍数啊。如果任意选一个数，按上述操作，结果都是 9 的倍数的话，那我们只需要事先在 9 的倍数的位置摆上相同图案，在不是 9 的倍数的地方摆上随机图案，则水晶球就一定能猜出你心中所想，除非……除非你算错了！

那为什么按上面的操作，最后的结果就是 9 的倍数呢？

以 69 为例：

$$69 - 6 - 9 = (6 \times 10 + 9) - 6 - 9$$
$$= 6 \times 10 + 9 - 6 - 9$$
$$= 6 \times 10 - 6$$
$$= 6 \times (10 - 1)$$
$$= 6 \times 9 \rightarrow 9 \text{ 的倍数}$$

那么，如果任意给一个两位数 $\overline{ab}$，则：

$$\overline{ab} - a - b = a \times 10 + b - a - b = 9a$$

$9a$ 为 9 的倍数。

9 的倍数

判断一个两位数是否为 9 的倍数，只要看它的十位、个位数字之和是否为 9 的倍数。

对这一结论，很多小学生都知其然而不知其所以然。如果问他们，他们会回答说老师就是这么教的，从而就认为这个结论是对的。

人类文明发展了数千年，苹果亘古不变地从树上落下，但只有牛顿对它的合理性进行了质疑和研究，从而引领了物理学史上的第一次飞跃。生活中，也有很多我们认为理所当然而不去深究背后原因的现象。如果我们稍微发扬一下牛顿刨根问底的精神，真相也许会让我们豁然开朗或大吃一惊。

让我们再来观察一下刚才的过程：

$69 - 6 - 9 = 6 \times 9$

$69 = 6 \times 9 + 6 + 9$

6×9 一定是 9 的倍数，但是 $6 + 9 = 15$ 不是，所以 69 也不是 9 的倍数。

$45 - 4 - 5 = 4 \times 9$

$45 = 4 \times 9 + 4 + 5$

4×9 一定是 9 的倍数，而 $4 + 5 = 9$ 也是 9 的倍数，所以 45 也是 9 的倍数。

一般来说，我们有 $\overline{ab} = 9a + (a + b)$，因此 $\overline{ab}$ 是否为 9 的倍数等价于 $(a + b)$ 是否为 9 的倍数。

这个结论可以推广到多位数，例如对于 3 位数 $\overline{abc}$：

$\overline{abc} = a \times 100 + b \times 10 + c$

$= a \times 99 + b \times 9 + (a + b + c)$

因此 $\overline{abc}$ 能不能被 9 整除等价于 $(a + b + c)$ 能不能被 9 整除。

同样，根据上面的推导，我们还有下面的推论：一个数除以 9 的余数与这个数的各位数字之和除以 9 的余数是一样的。

如果一个数比较大，那么上面的过程还可以迭代进行。比如 999999999888888877777766666655555，各位数字之和为 $9 \times 9 + 8 \times 8 + 7 \times 7 + 6 \times 6 + 5 \times 5 = 255$。

255 能被 9 整除吗？我们可以重复上面的过程。

255 的各位数字之和为 $2 + 5 + 5 = 12$，12 不能被 9 整除，所以 255 不能被 9 整除，进而原数 999999999888888877777766666655555 不能被 9 整除（事实上，我们还可以继续迭代，因为 $1 + 2 = 3$，所以 12 不能被 9 整除）。由于 12 除以 9 的余数是 3，从而 255 除以 9 的余数也是 3，因此原数除以 9 的余数也是 3。

在上面的拆分基础上，我们可以进一步得出下面的推论：一个数能否被 3 整除也等价于这个数各位数字之和能否被 3 整除。

如果更深究一步，我们还可以推导出被 11 整除的数的特征：一个数能被 11 整除等价于这个数的奇数位与偶数位的差的绝对值能被 11 整除。

这里，给大家玩一个神奇的游戏：

首先，让你的朋友选择一个 6 位数 x，不要让他告诉你；然后，你让他把 x 的各位数字重新排列一下，得到一个更小一点儿的数 y，并把 x 减去 y，得到 $(x - y)$ 的值；

$$\begin{array}{r} ?\ ?\ ?\ ?\ ?\ ? \quad x \\ -\ ?\ ?\ ?\ ?\ ?\ ? \quad y \\ \hline ?\ ?\ ?\ ?\ ?\ ? \quad x-y \end{array}$$

接着，你让他将得到的这个差值乘以任意一个数，把乘积告诉你（除了其中的某一位数）；

最后，出乎他的意料，你竟然能很快说出他用"？"替代的这位数是几。

$$\begin{array}{r} ?\ ?\ ?\ ?\ ?\ ? \\ \times \qquad\quad ?\ ?\ ? \\ \hline 7\ 2\ 4\ 4\ \boxed{?}\ 1\ 8\ 1\ 6 \end{array}$$

请问：在上面的例子中，你朋友告诉你的 7244？1816 这个结果中，"？"应该代表几，为什么？（答案和解题思路可在作者公众号"旭爸说数学与计算思维"中获取）

99% 的人都不知道的闰年

数学对观察自然做出了重要的贡献，它解释了规律结构中简单的原始元素，而天体就是用这些原始元素建立起来的。

——开普勒

2020 年是一个比较特殊的年份，除了数字意义上的特殊，相比于过去的 2019 年，这一年多了一天，有 366 天，也就是我们俗称的闰年。多出的这一天就是 2 月 29 日。

我们都知道，在公历纪年中，有闰年和平年之分，平年为 365 天，闰年为 366 天。如果你问孩子怎么定义闰年，几乎所有的孩子都能脱口而出：如果年份数是 4 的倍数但不是 100 的倍数，或者是 400 的倍数，那么这个年份就是闰年。闰年这个知识点也常被刚学程序设计的学生用于逻辑判断训练：

if（(year%4 ＝＝0&&year%100！＝0）||year%400＝＝0）

上面的表达式中，"%"就是求余数的运算符。

我清晰地记得小学三年级的数学课本上有闰年的知识。当时旭的试卷上有下面这样一道题：

小明的爷爷在过生日的时候说：至今为止，我一共只过了 18 个生日。请问小明的爷爷在此次生日时是多少岁？

我想出题人的本意是考查闰年这一知识点。基于常识，爷爷的年龄应该在 40 岁以上，只过了 18 个生日意味着他的生日只能是闰年的 2 月 29 日，即每 4 年才过一次生日，因此爷爷过第 18 个生日时应该是 72 岁。

旭在做这道题的时候提出了一点疑问，即题目并没有说小明的爷爷是现代人，如果这件事发生在 100 年以前，那么小明的爷爷有可能跨越了 1900 年。由于 1900 年不是闰年，因此过第 18 个生日时为 76 岁也是可能的。

我顺手把这道题扔到了一个数学爱好者的微信群里，结果掀起了令人意想不到的轩然大波，并因此有了不少收获。

Q1：请问小明是人吗？

这个问题看似无厘头，但细想一下确实也重要。孩子们大都活在动物会说话的童话世界里，如果小明是一头狮子（寿命约 20 年）或一匹马（寿命约 30 年），甚至是一只狗（寿命约 15 年），那么 18 岁当爷爷就再正常不过了。

Q2：请问人的最小生育年龄是多少？

一般来说，18 岁的男性当爷爷超出了我们的常识范围。但有一位严谨的教授还是抛出了这一问题。为此，我专门搜索了一下关于"历史上最年轻的父亲"的记载，结果有记载说，11 岁可以当父亲，22 岁可以当爷爷，这证明了这位严谨的教授的担心并非多余。我估摸着出题人看到这里，想哭的心都有了。下一次出题人再改编同类型题的时候，就不得不谨慎一点儿。"爷爷只过了 22 个生日"这样的描述是不行了（爷爷过了 22 个生日，不一定需要过了 22 个 2 月 29 日，可以就是 22 岁），而应该用"爷爷只过了 14 个生日"之类的说法，因为 14 岁是不可能当爷爷的，所以这么描述就意味着可能过了 14 个闰年的 2 月 29 日生日。

Q3：请问刚出生的那天算生日吗？

关于这一问题，大家也是众说纷纭。为了避免理解不一致的问题，出题人还得备注一下出生那天到底算不算生日。否则，我们就应该认为基于不同理解的两种答案都算正确，因为这与数学已无关系。

Q4：请问爷爷过的是公历生日还是农历生日？

这个问题也算是中国特色了。事实上，我们现在很多人确实是过农历生日。就拿我自己一家为例，我这一辈都还是过农历生日，而从旭这一辈起都过公历生日。

正常而言，小明的爷爷应该是过农历生日的。这就让出题人尴尬了！

我们的农历纪元中，年份分为平年和闰年（注意：此闰年非公历纪年中的闰年）。农历中的平年为 12 个月，闰年为 12 个普通月另加一个闰月，总共 13 个月。月份分为大月和小月，大月 30 天，小月

29 天。一年中哪个月大，哪个月小，年年不同，由计算决定。大家可能有印象的是，某些年份腊月只有 29 天，因此腊月二十九就是我们的除夕夜。

如果小明的爷爷过的是农历生日，那这道题就难以给出答案了。为此，出题人或者应注明使用公历生日，或者得把"小明"改成"乔治"或"戴尔"之类的名字。看到这里，估计出题人八成要崩溃了……

言归正传，如果被问起：为什么闰年是这样定义的？闰年的定义有什么依据呢？我们则十有八九会愣住。为什么这么定义呢？因为书本就是这么教的啊！我们又一次把书本教的东西认为理所当然是正确的。但这背后就没有什么原因吗？

这本身就是一个应该引起孩子思考的问题。其实，这是由于地球绕太阳运行的周期所致。地球绕太阳运行的周期为 365 天 5 小时 48 分 46 秒（约合 365.2422 天），即一个回归年。如果每一年就按 365 天计，那么若干年以后就会出现累积的偏差。

为了矫正每年额外多出的 5 小时 48 分 46 秒，公历规定有平年和闰年之分。平年一年有 365 天，比回归年短 0.2422 天，4 年共短 0.9688 天，故每 4 年增加 1 天，第四年有 366 天，就是闰年。但 4 年增加 1 天比 4 个回归年又多 0.0312 天，400 年后将多出 3.12 天，故在 400 年中少设 3 个闰年，也就是在 400 年中只设 97 个闰年，这样公历年的平均时长与回归年就基本一致了。正是基于此，才有了下面的规定：年份是整百数的必须是 400 的倍数才是闰年，否则为平年，例如 1900 年、2100 年就不是闰年。

较真的人可以继续往下深究。按照上面的做法，400 年仍比 400 个回归年多出了 0.12 天，4000 年将多出 1.2 天。为此，大约每隔 3333 年还需要减掉一个闰年才能进一步矫正错误。

事实上，完整的闰年判断规则如下（后面的两条规则，99% 的人估计都不知道）：

公元年份除以 4 不可整除，为平年。

公元年份除以 4 可整除，但除以 100 不可整除，为闰年。

公元年份除以 100 可整除，但除以 400 不可整除，为平年。

公元年份除以 400 可整除，但除以 3200 不可整除，为闰年。

公元年份除以 3200 可整除，为平年。

那么问题来了，如果 1180 年以后（即公元 3200 年以后）的老师出这个题，又要注意什么呢？

为什么外星人用素数作为宇宙间的沟通信号

数学是科学的皇后，而数论是数学的皇后。

——高斯

引子

我们全家曾一起看过一部科幻电影《超时空接触》。电影中的女主角在几近绝望之时突然接收到了有规律的脉冲信号，信号是每隔一段时间分别振动 2，3，5，7……次。对于五年级的旸来说，识别出这是一个素数（又称质数）序列没有任何问题。但随之而来的问题是：为什么外星智慧体会选择使用素数作为宇宙间沟通的信号？

虽然这只是部科幻电影，但编剧在选择向宇宙传播什么信号时显然是经过精心考虑的。寄希望于宇宙中一个遥远的未知文明能识别出所传递的信号，这一信号必须具有普适的智慧含义。我国数学家华罗庚曾认为，如果要与外星人交流信息，不妨把我国古代的"青朱出入图"送去。所谓青朱出入图，是我国东汉末年数学家刘徽根据"割补术"，运用数形关系证明勾股定理的方法。

那么，素数到底有什么特别之处能得到编剧的青睐呢？素数历来都是数学界的宠儿，有关素数的话题在数学界总能引起热议，其原因可能就在于它那高冷的一面，让人遥不可及。

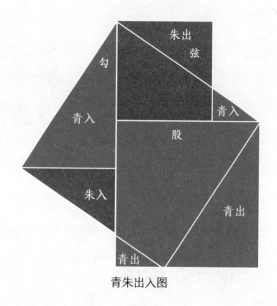

青朱出入图

2018 年年初，日本人就做了一件让人匪夷所思的事。他们把 2017 年 12 月 26 日发现的彼时最大的素数——第 50 个梅森素数——印成了一本书，书名为《2017 年最大的素数》，这本书厚 32 毫米，共 719 页。最重要的是，整本书只印了一个数，即 $2^{77232917} - 1$，这个数一共有 23249425 位，如果 2 个数字按一个汉字来算，那就是 1000 多万字的巨著了。让人不可思议的是，这本售价约 113 元人民币的书在发行两周后竟然登上日本亚马逊数学类畅销书第一名的宝座，且卖到断货。

有关素数的书多如浩瀚宇宙中的星辰，但我眼中最亮的那颗当数《素数之恋》。从来没有哪本数学书像它这般让我着迷。它把深奥的数学阐述得如此浅显易懂又不乏严谨，将历史人文与数学融为一体，相得益彰。从小学就能看懂的素数定义和求法，到简单的初等数论，最后到复杂的解析数论，它跨越了数百年的时空，娓娓道来，一气呵成。

正是由于素数独特而神秘的气质，它甚至成为小说的主角。《质数的孤独》是意大利"80后"作家、粒子物理学博士保罗·乔尔达诺的处女作。质数是只能被1和自身整除的自然数，它是所有整数中特殊又孤独的存在，作者形象地用质数这一数学概念来形容两人孤独的状态。2008年，《质数的孤独》一经出版，即获得意大利最高文学奖——斯特雷加奖，并迅速成为欧美超级畅销书，迄今在欧洲销量已超过500万册。

什么是素数

我想以扎西拉姆·多多的一首歌曲《班扎古鲁白玛的沉默》引入这段内容，歌词的一部分是这样的：

你见，或者不见我，我就在那里，不悲不喜。
你念，或者不念我，情就在那里，不来不去。
你爱，或者不爱我，爱就在那里，不增不减。
你跟，或者不跟我，我的手就在你手里，不舍不弃。

为了说清楚什么是素数，我先从自然数开始。

自然数，顾名思义，是大自然的客观存在。有些人可能不服气：自然数看不见摸不着，怎么就客观存在了呢？但它确实自宇宙诞生之日起就存在，等待具有智慧的生物去发现它、表示它，正如上面的歌词所说，"你见，或者不见我，我就在那里"。数数是人类诞生起就面临的最基本任务，不论在地球的哪个角落，虽然不同的文明对数字的表示方式可能千差万别，但终究同样面临着要判断自己早上放出去的牛羊晚上有没有全部归来的问题。

素数，也是这么一个存在，不管你念或者不念它，它就在那里。不管用什么形式来表示，素数都静静地、稀疏地散落在自然数的苍茫空间中。

素数是什么？其实很好定义。有一堆苹果，想平均分给一群人，如果不管这群人有多少（不能是 1 个人或与苹果个数同样多的人），都没有办法把这堆苹果平均分给每个人而不剩，那么这堆苹果的个数就是素数。用数学的语言来说就是：一个只能被 1 或它自身整除的自然数是素数。

下表给出了 100 以内的素数。

1	2	3	4	5	6	7	8	9	10
11	12	13	14	15	16	17	18	19	20
21	22	23	24	25	26	27	28	29	30
31	32	33	34	35	36	37	38	39	40
41	42	43	44	45	46	47	48	49	50
51	52	53	54	55	56	57	58	59	60
61	62	63	64	65	66	67	68	69	70
71	72	73	74	75	76	77	78	79	80
81	82	83	84	85	86	87	88	89	90
91	92	93	94	95	96	97	98	99	100

怎么判断一个数是否为素数

给定一个数 N，如何判断它是否为素数呢？我们从素数最初的定义出发来进行判断。

最笨的办法是从 2 开始，逐个地去除 N，如果一直到 (N − 1)，都除不尽 N，那么 N 就是素数。

显然，按照这种做法，除法有点儿多。比如判断 101 是不是素数，既然它不能被 2 整除，显然也不能被 2 的倍数整除；不能被 3 整除，就不能被 3 的倍数整除；等等。因此，看上去只需要用比 101 小的素数去除 101 即可。

那么，比 101 小的素数有多少呢？还有不少呢。

2，3，5，7，11，13，17，19，23，29，31，37，41，43，47，53，59，61，67，71，73，79，83，89，97

是不是要一个个去除 101 呢？答案也是否定的。许多刚学素数的同学会说，大于 50 的素数就不用试了，因为这些数的两倍已经超过 101 了。

但实际上用来除 101 的数还能比 50 更小。假设 $N = a \times b$，$a \leq b$，那么 $a \leq \sqrt{N}$，也就是说，如果 N 能表示成两个数的乘积，那么 N 一定有一个因子不大于 $\sqrt{N}$。也就是说，如果拿不超过 $\sqrt{N}$ 的素数挨个地去除 N，一定可以有某个数能除得尽 N，否则 N 就是素数了。

以 101 为例，如果它能表示成两个整数的乘积，那么较小的那个因子一定小于 10。否则，如果两个因子都大于 10，那么乘积至少为 $11 \times 11 = 121$ 了。因此，我们只需要拿不超过 10 的素数去除 101，也就是 2，3，5，7，如果都不能除尽，那 101 就是素数了。这是不是大大降低了除法的次数？遗憾的是，我们现在很多判断素数的程序，用的还是最笨的办法。

当然，上面的方法只能判断一个数是否为素数。如果想批量生产素数，那可以用"埃拉托斯特尼①筛法"，简称"埃氏筛选法"。顾名思义，这一方法就好比一个筛子，把非素数逐个筛掉，剩下的就是素数。具体做法是：

第1步：先把 N (N=30) 个自然数按次序排列起来，1不是素数，也不是合数，要筛去；

2，3，4，5，6，7，8，9，10，11，12，13，14，15，16，17，18，19，20，21，22，23，24，25，26，27，28，29，30

第2步：第二个数2是素数，留下来，而把2后面所有能被2整除的数都筛去；

2，3，5，7，9，11，13，15，17，19，21，23，25，27，29（第1遍筛选）

第3步：2后面第一个没筛去的数是3，把3留下，再把3后面所有能被3整除的数都筛去；

2，3，5，7，11，13，17，19，23，25，29（第2遍筛选）

第4步：3后面第一个没筛去的数是5，把5留下，再把5后面所有能被5整除的数都筛去；

---

① 埃拉托斯特尼：希腊数学家、地理学家、历史学家、诗人、天文学家，主要贡献是埃拉托斯特尼筛法、寻找素数的方法、日地间距的测量。

2, 3, 5, 7, 11, 13, 17, 19, 23, 29（第 3 遍筛选）

这样一直做下去，就会把不超过 N 的全部合数都筛掉，留下的就是不超过 N 的全部素数。

实际上，只需要筛选到不大于 $\sqrt{N}$ 即可。以 N = 30 为例，只需进行 3 次筛选（分别筛掉 2、3、5 的倍数），即可找出 30 以内的所有素数。

不要小看这一筛选法，欧拉用这一思想发现了被称为"金钥匙"的欧拉乘积公式，建立了自然数序列和素数序列之间的某种联系。

欧拉乘积公式：

$$\sum_n n^{-s} = \prod_p \left(1 - p^{-s}\right)^{-1}$$

其中，n 为自然数，p 为素数，s 为任意满足 Re (s) > 1 的复数。

如果你稍微观察一下，就会发现这个公式令人惊叹的地方：左边是对所有自然数项的某个幂次求和，右边则是对所有素数的同样幂次的运算求积。自然数和素数之间居然有这种联系，真是妙不可言！

素数有多少个

数学中一个经常被问起的问题是：素数有多少个？

结论是素数有无穷多个。欧几里得[①]给出了非常漂亮的反证法，它足以作为反证法的经典教案。

---

① 欧几里得：古希腊数学家，被称为"几何之父"，著有《几何原本》。

证明：假设素数的个数有限，那就存在最大的素数 p_n，设所有的素数序列为 $p_1 < p_2 < \cdots < p_n$，那么可以构造：$P = p_1 p_2 \cdots p_n + 1$，则 P 不能被 p_1，p_2，$\cdots$，p_n 中的任何一个已知素数整除（余数均为 1），因此我们可以得出下列结论：要么 P 本身也是一个素数，但 $P > p_n$，与假设矛盾；要么 P 不是素数，但由于其不包含 p_1，p_2，$\cdots$，p_n 的任何一个作为素因子，则 P 肯定包含一个比 p_n 更大的素因子，同样与 p_n 是最大的素数矛盾。

素数有多重要

数学家们对素数的痴迷程度为什么如此之高？在我看来，素数之于整数的重要性就相当于原子之于物质的重要性。素数就是整数的原子！

和原子构成物质一样，任何一个自然数都可以看成是由某些素数组合而成的，这就是著名的算术基本定理：

任何一个大于 1 的自然数 N，如果 N 不为素数，那么 N 可以唯一分解成有限个素数的乘积，可以表示成：$N = p_1^{a_1} p_2^{a_2} \cdots p_n^{a_n}$，其中 $p_1 < p_2 < \cdots < p_n$ 为小于等于 $(N - 1)$ 的素数，a_1，a_2，$\cdots$，a_n 为自然数。

例如，$120 = 2^3 \times 3 \times 5$，而且只能表示为这一种分解。

这个定理的要点在于分解的唯一性，很多人认为这是显然的共识，但实际上这一点是可以证明的，同样可以用反证法。算术基本定理是数论最基本和最重要的定理之一。它把对自然数的研究转化为对其最基本的元素——素数——的研究。因此，说素数之于自然数的重要性就相当于原子之于物质的重要性，一点儿都不为过。

比如，有了上面这个公式，如果你想求两个数的最大公约数或最小公倍数，那只要找出这两个数相同的质因子，并对幂指数取两者的最小值或最大值即可。例如，为了求 120 和 252 的最大公约数和最小公倍数，我们可以对它们进行质因数分解，得到：

$120 = 2^3 \times 3 \times 5$

$252 = 2^2 \times 3^2 \times 7$

那么 120 和 252 的最大公约数就是 $2^2 \times 3 = 12$，最小公倍数是 $2^3 \times 3^2 \times 5 \times 7 = 2520$。

关于此还有一个欧拉函数，解决的是一个自然数一共有多少个因数的问题。比如，8 一共有 1，2，4，8 这 4 个因子，而 12 有 1，2，3，4，6，12 这 6 个因子。

在质因数分解的基础上，假如 $N = p_1^{a_1} p_2^{a_2} \cdots p_n^{a_n}$，辅以简单的乘法原理，就可以得到所有因数的个数为 $(1 + a_1)(1 + a_2) \times \cdots \times (1 + a_n)$。这是因为如果把生成一个因数作为一项任务，那么完成这项任务可以分为 n 步：

第一步：选择 p_1 的因子；

第二步：选择 p_2 的因子；

……

第 n 步：选择 p_n 的因子。

以 p_1 为例，因数中可以不包含 p_1，包含 1 个 p_1……直至包含 a_1 个 p_1，即一共有 $(1 + a_1)$ 种选法。根据乘法原理，总共的因数个数为 $(1 + a_1)$

$(1 + a_2) \times \cdots \times (1 + a_n)$ 。

例如，求上面的 $120 = 2^3 \times 3 \times 5$ 的因数的个数，可以将确定因数这一任务分为三步：

> 第一步：选 2 的个数，可以选 0，1，2，3 个，有 4 种选法；
>
> 第二步：选 3 的个数，有两种选法；
>
> 第三步：选 5 的个数，有两种选法。

例如，第一步选了 2 个 2，第二步不选 3，第三步选 1 个 5，则得到的因数为 $2 \times 2 \times 5 = 20$，反之 20 也对应了一种选法。因此 120 的因数个数和完成上述任务的方法数是一一对应的，总共有 $4 \times 2 \times 2 = 16$ 个因数。

历史上许多著名的数学问题都与素数有关，比如：

哥德巴赫猜想：是否任意一个大于 2 的偶数都可以写成两个素数之和？

孪生素数猜想：是否存在无穷多个孪生素数对？ [①]

梅森素数猜想：是否存在无穷多个梅森素数？ [②]

事实上，如果哥德巴赫猜想为真，则能进一步印证素数作为自然数基本元素的另一种方式，即任何一个大于 3 的自然数都可以写成两个或三个素数之和。

---

① 孪生素数就是差为 2 的素数对，例如 11 和 13。

② 梅森素数为形如 $2^p - 1$ 的形式（p 为素数）的素数。

皇冠上的明珠：素数定理

几百年来引发了无数数学家兴趣的一个问题是：既然素数很重要，能不能有某种规则来生成素数？即是否存在一个素数生成器？遗憾的是，我们一直没有找到这样的生成规则。

数学家在寻找素数的时候，发现随着数越来越大，素数的分布越来越稀疏。比如 100 以内有 25 个素数，1000 以内有 168 个素数，1000000 以内只有 78498 个。有没有一个公式或规则能告诉我们，小于一个给定数的素数有多少个？

这个问题正是黎曼在 1859 年被柏林科学院任命为通信院士后向科学院提交的一篇论文，题目为《论小于某给定值的素数的个数》。

事实上，关于素数分布的问题早已得到了欧拉、高斯[①]等数学巨星的关注。高斯就曾给出了素数分布规律的猜想，他认为：

对于一个给定的自然数 N，小于 N 的素数个数 $\pi(N) \sim \dfrac{N}{\ln N}$，即素数个数接近 $\dfrac{N}{\ln N}$。

事实上，这一发现可以被看成探索未知的经典案例，需要有超凡的毅力（设想一下在没有计算机的年代，寻找几千万以内素数的难度）和洞察力。我们不妨从下表的素数个数开始。初看上去，它们并没有什么规律，只能看出随着 N 的增大，小于 N 的素数密度逐渐稀疏。

---

① 高斯：德国著名数学家、物理学家、天文学家、几何学家，享有"数学王子"的美誉。

N	小于N的素数个数 π(N)
1000	168
1000000	78498
1000000000	50847534
1000000000000	37607912018
1000000000000000	29844570422669

我们不妨尝试一下，看看素数的密度到底如何变化，不妨取密度的倒数 $\dfrac{N}{\pi(N)}$，如下表。大概可以看出来，随着 N 以指数速度递增，$\dfrac{N}{\pi(N)}$ 大致是以固定的等差递增。

N	$\dfrac{N}{\pi(N)}$
10^3	5.9524
10^6	12.7392
10^9	19.6665
10^{12}	26.5901
10^{15}	33.6247

而指数和固定等差的关系，学过一点中等数学的人就能知道，将指数函数取对数后，lnN 也变成以固定等差递增。

下表给出了 lnN 和 $\dfrac{N}{\pi(N)}$ 的对比。

N	lnN	$\dfrac{N}{\pi(N)}$	百分数差
10^3	6.9077	5.9524	16.0490
10^6	13.8155	12.7392	8.4487
10^9	20.7232	19.6665	5.3731
10^{12}	27.6310	26.5901	3.9146
10^{15}	34.5387	33.6247	2.7182

看上去是不是很简单？确实，但如果你觉得这么简单的规律你也可以发现和总结，那就错了。仅靠一支笔和一张纸，求出 1000000000 以内的质数，其难度是非常大的，你不妨试试。据说当年 15 岁的高斯没事的时候就是算素数玩，我想这也是高斯成为数学大家的原因吧。

这个被冠以"素数定理"的命题，得到了高斯、勒让德[①]、狄利克雷[②]、黎曼、切比雪夫[③]、塞尔伯格[④]、保罗·厄多斯[⑤]和阿达马[⑥]等众多数学大家的重视。

而今，素数定理已被证明，小于 N 的素数个数的上限和下限都已经给出，但确切的 $\pi(N)$ 的值是多少，依然是一个悬而未决的问题，一批又一批的数学家用尽一切办法想登上最高峰，但都以失败告终。

---

① 勒让德：法国数学家。
② 狄利克雷：德国数学家，解析数论的创始人。
③ 切比雪夫：俄罗斯数学家、力学家。
④ 塞尔伯格：挪威数学家。
⑤ 保罗·厄多斯：匈牙利数学家。
⑥ 阿达马：法国数学家，他最引人注目的成就是素数定理证明。

爱因斯坦曾说：“人类的一切经验和感受中，以神秘感最为美妙。”毫无疑问，巧合是最能激起人们的神秘感的，而且它在生活中无处不在。偶然中有必然，必然中有偶然。生活中的偶然与巧合无处不在，体现的恰恰是一种概率思维。一次奇妙的钥匙开门经历，班级里同学同年同月同日生的可能性，扑克牌摸到顺子和同花的可能性哪个大，这些生活问题的背后处处都有概率的身影。

二　巧合与概率思维

奇妙的钥匙开门经历

有一年春节，我带着旭去岳母家，但是到门口时发现大门紧闭。我从口袋里掏出岳母给我的一串钥匙，上面共有 6 把钥匙，长得几乎一模一样，门有内外两道。我心想，这下惨了，得试多少次才行啊！

这让我想起了旭曾经做过的一道数学题：

已知有 10 把钥匙，可以分别开 10 把锁，现要把它们一一配对，请问最多要试多少次？

之所以要问最多要试多少次，是因为如果运气好到爆的话，每次都能正好配对，那么 9 次就够了（剩下的一把钥匙和一把锁肯定是配对的，不用试）。

最多要试多少次？当然是下面这种运气背到极点的情形：

第一把钥匙试了 9 把锁都没能成功打开，那肯定和剩下的一把锁配对；

第二把钥匙试了剩下的 9 把锁中的 8 把都没能成功打开，那肯定和剩下的一把锁配对；

……

依此类推，最后剩下两把钥匙和两把锁，需要试一次就行。

因此，最糟糕的情形是总共需要试 $9+8+7+\cdots+1=45$ 次。

不过，出乎意料的是，我选的第一把钥匙就顺利打开了第一道门，而第二把钥匙又顺利打开了第二道门。难道门锁是一样的？昍又特地试了另外几把钥匙，确认门锁是不同的。

小家伙也饶有兴趣，不一会儿就给出了答案。他先算出$\frac{1}{36}$，后来又纠正为$\frac{1}{30}$。没错，在 6 把钥匙 A，B，C，D，E，F 里面按顺序选两把钥匙，一共有 $6\times5=30$ 种可能，而我恰好选中了其中一种正确的排序，因此可能性是$\frac{1}{30}$。

在生活中，这种概率问题我们随时都会碰到。巧合的背后，往往都有概率问题的影子。

某天，我走出房间时感到脚上特别别扭，低头一看，原来两只拖鞋都是左脚的。咦，我进房间时没穿错啊。等我到客厅里看了昍脚上的鞋，立刻就明白了：他脚上的两只鞋都是右脚的。原来，他从房间出去时随便穿了两只鞋，搞错了。

那么问题来了：

把两双鞋子混在一起，我们闭着眼随机选两只鞋穿，穿到一双的可能性和穿到两只同边鞋的可能性哪个更高？

不妨假设一双鞋是 A1，A2，另一双鞋是 B1，B2（1 代表左脚，2 代表右脚）。4 只鞋随机选两只，一共有 6 种选法。而选到一双的情况有（A1，A2），（A1，B2），（B1，A2），（B1，B2）4 种；选不到一双（即两只鞋是同一边脚）的情况有 2 种，分别是（A1，B1）和（A2，B2）。所以，选到两只同一边脚的拖鞋的可能性只有 $\frac{1}{3}$。

有一天早上，旸想上卫生间，发现两个卫生间都有人了，就嚷嚷着要换有 3 个卫生间的房子。一个显而易见的问题是，家里 3 个人同时需要使用卫生间的可能性有多大？如果将家里的卫生间数量从一个增加到两个，使用冲突的概率就会下降一半吗？

实际上，一个卫生间产生冲突的可能性本来不高，而如果 6 口之家有 2 个卫生间，那么产生冲突的可能性就更低了。至于为什么卫生间不够用的情况依然时有发生，其实这更多是一种心理作用。我们也许无冲突地使用了 100 次甚至更多次，但对这些都没有记忆，而对于使用冲突的经历则会无限放大。

墨菲定律说，如果事情有变坏的可能，不管这种可能性多么微乎其微，它总会发生。有一次，我从一个地方到学校开会，感觉一路都是红灯，当时觉得真是背到家了。后来细想一下，其实这一路上也碰到了两三次绿灯，只是焦躁的心态让我忽视了绿灯的存在。

同年同月同日生的可能性有多大

三人行，必有我师焉。
——《论语》

昍10岁的时候告诉我，他们班上有个同学和他是同一天生日。因此，昍过生日时，由于没有提前预约，导致不少他想约的同学都被那个与他同年同月同日生的同学约了。

彼时，昍的班上有 36 个人。我试着问他："除了你们两个，你们班上还有其他小朋友的生日是同一天吗？"

他肯定地回答："没有。"我又追问了一句："你觉得一个班上有两个小朋友同一天生日的可能性有多少？"

他想了想，随口说："也许 8% 吧。"

估计许多人的第一反应也是类似的，认为在一个三四十人的班级，有两个人在同一天生日的可能性应该不高。但是，事实恰恰相反。后来有一次，昍又跟我讲，他们班上其实还有两个人同年同月同日生，只是他之前不知道而已。

这个问题在数学上被称为"生日悖论"：

如果一个房间里有不少于 23 个人，那么，存在两个人同一天生日的概率大于 50%。

49

也就是说，在一个小学班级里，存在两个小朋友生日相同的概率要比 50% 高不少呢！

那么，这个 50% 是什么意思呢？意思就是假如有 100 个班级，每个班级有 23 个人，如果你去问每个班主任班上是否存在两个人同一天生日的情况，那么估计会有一半的班主任回答"是"。

一般而言，我们所说的悖论是指这一命题会引起逻辑矛盾。例如逻辑学家罗素所提出的理发师该不该给自己理发的"理发师悖论"、希腊的诡辩家芝诺所提出的阿基里斯永远也追不上乌龟的"芝诺悖论"等。但生日悖论本质上并不是一种悖论，而是指这个数学事实与人们的直觉不相符。

假设一年是 365 天，如果只有两个人 A，B，那么他们在同一天生日的概率是多大呢？

A 和 B 的生日可以构成一个数对（a，b），因此 A 和 B 的生日情况一共有 365×365 种，如下所示：

(1, 1)	(1, 2)	(1, 3)	...	(1, 365)
(2, 1)	(2, 2)	(2, 3)	...	(2, 365)
...	...	...	...	...
(365, 1)	(365, 2)	(365, 3)	...	(365, 365)

其中，只有左上角到右下角的对角线上的 365 种情况是两人同一天生日，因此两个人同一天生日的概率是 $\frac{1}{365}$。实际上，也可以换个思

考方式，假设 A 的生日是固定的，B 的生日有 365 种可能，其中的 364 种都与 A 不是同一天生日，只有 1 种情况 B 与 A 是同一天生日。

我们把刚才讨论的问题推广一下：如果有 n 个人，那么至少有两个人生日相同的概率有多大？

如果我们不计闰年，假定一年为 365 天，那么可以先计算一下 n 个人中任何两人生日都不相同的概率。存在两个人生日相同的概率就等于 1 减去 n 个人生日均不相同的概率。

n 个人的生日都不相同的概率，可以这么思考：

第一个人的生日可以是 365 天中的任意 1 天；

第二个人的生日与第一个人的生日不同，只能是剩余 364 天中的一天；

第三个人的生日与前两个人的又不同，只能是剩余 363 天中的一天；

……

第 n 个人的生日与前 $(n-1)$ 个人的均不同，于是，只能是剩余的 $[365-(n-1)]$ 天中的一天。

n 个人的生日可以组成一个 n 元组 $(b_1, b_2, \cdots, b_n)$。如果不加任何约束，那么每个 b_i $(1 \leqslant i \leqslant n)$ 的取值可以是 1 ~ 365 天中的任何一天，因此一共有 $365 \times 365 \times \cdots \times 365 = 365^n$ 种可能。但增加了 n 个人生日都不相同的条件后，总共有 $365 \times 364 \times \cdots \times (365-n+1)$ 种可能。因此，n 个人生日都不相同的概率是：

$$\frac{365}{365} \times \frac{364}{365} \times \frac{363}{365} \times \ldots \times \frac{365-n+1}{365}$$

那么，n 个人中存在两个人生日相同的概率是：

$$1 - \frac{365}{365} \times \frac{364}{365} \times \frac{363}{365} \times \ldots \times \frac{365-n+1}{365}$$

当 n = 23 时，计算得概率值为 50.7%。

而当班级人数 n = 36 时，至少有两个人生日相同的概率高达 83.2%！

下面的图给出了人数和存在两人同一天生日的概率之间的关系。可以看到，当人数达到 60 人左右时，几乎 100% 会有两个人的生日相同。而当班级人数 n = 23 时，存在两个人生日相同的概率约为 50%。

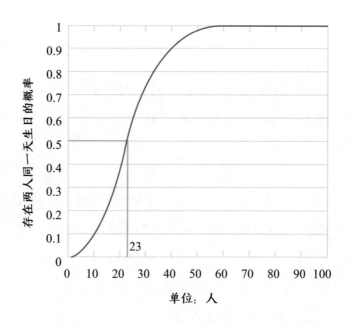

单位：人

当然，这并不意味着当一个班级有 23 个人时，有人和你同一天生日的可能性会达到 50%。事实上，这个可能性要低得多。具体到某一个人时，其生日已经固定，其余 22 个人中的任何一个人与他生日不为同一天的概率均为 $\frac{364}{365}$，因此 22 个人的生日与他的生日都不相同的概率为 $(\frac{364}{365})^{22}$。从而，至少有一个人与他生日相同的概率就是：

$$1 - (\frac{364}{365})^{22} \approx 6\%$$

最后，留两个与生日有关的问题：

（1）如果你今年的生日在周六，那么，你明年的生日在周几？

（2）一般我们吃的生日蛋糕都是圆形的，有一年生日，妈妈别出心裁地定制了一个正方形蛋糕。正方形蛋糕的上面和四周都有奶油，现在要把蛋糕平均分给 7 个小朋友，要求每个小朋友得到的蛋糕量和奶油量都相同。请问妈妈该怎么分这个蛋糕？（答案和解题思路可在公众号"昍爸说数学与计算思维"中获取）

顺子与同花哪个可能性大

> 上帝不会掷骰子。
> ——爱因斯坦

扑克牌有各种各样的玩法，如果擅于使用，玩扑克牌其实也是一种非常棒的数学思维训练方法。从基本的加减乘除到必胜策略、博弈、发散性思维，都在扑克牌的各种玩法中得到了淋漓尽致的体现。当然，扑克牌玩法中蕴含最多的还是概率思维。

比如，有一种扑克牌的玩法是每个人从一副52张（去掉大小王）的扑克牌中随机抽5张牌，然后按照每个人持有的牌的"大小"确定胜负关系。

如果是一张牌，那可以简单地比大小。但5张牌应该如何确定胜负关系呢？这其中遵循的基本原则应该是"物以稀为贵"，即出现的可能性越低，就越容易胜出。

比如，一个人抽到的5张牌组成了顺子，而另一个人抽到的5张牌组成同花顺，显然同花顺可能性更小，因此后者胜出。

下面的问题是：依据这一原则，如果一个人抽到了顺子，另一个人抽到了同花（即5张牌具有一样的花色），那应该谁胜出呢？

这一问题本质上是要计算抽到顺子的可能性大，还是抽到同花的可能性大，属于古典概率范畴。大部分古典概率问题归根结底是排列组合问题。

因此，学好排列组合的重要性不言而喻。顺子由 5 张连续的牌组成，而同花则由 5 张花色相同的牌组成。下图给出了顺子与同花的关系，两个集合的交集则是同花顺，其概率当然比顺子和同花更小。

在一副 52 张牌的扑克中随机抽取 5 张牌，抽到的 5 张牌是顺子，一共有多少种可能呢？我们不妨这样来计算：

（1）确定顺子中出现的最小的牌。最小的顺子是 A，2，3，4，5，而最大的顺子是 10，J，Q，K，A。因此，最小的牌有（A，2，3，4，5，6，7，8，9，10）10 种可能。一旦确定了顺子中最小的牌，如果不考虑花色，顺子就确定了。

（2）确定每一张牌的花色。每一张牌都有 4 种花色可以选择。因此，一共有 $4 \times 4 \times 4 \times 4 \times 4 = 4^5$ 种选择。

（3）总的顺子个数为 $10 \times 4^5 = 10240$。

再看抽出的 5 张牌为同花的可能情况，可以按下面的方法计算：

（1）确定同花的花色。可以从 4 种花色中任选一种，共有 4 种选法。

（2）确定 5 张牌同花的可能性。每一种花色只有 13 张牌，需要在 13 张中选 5 张，共有 $C(13, 5) = \dfrac{13 \times 12 \times 11 \times 10 \times 9}{1 \times 2 \times 3 \times 4 \times 5} = 1287$ 种。

（3）总的同花的个数为 $4 \times 1287 = 5148$。

最后，我们可以按下面的方法计算一下同花顺的数量：

（1）确定花色。一共 4 种。

（2）确定同一花色的顺子数量。一共 10 个。

（3）一共有 $4 \times 10 = 40$ 个同花顺。

原来同花顺这么难得呢！

最后，不妨算一下 5 张牌摸到顺子、同花和同花顺的概率分别是多少。

52 张牌任意选 5 张牌，一共有 C（52，5）＝2598960 种组合。摸 5 张牌为顺子的概率为 $10240 \div 2598960 \approx 0.004$，为同花的概率为 $5148 \div 2598960 \approx 0.002$，而为同花顺的概率仅为 $40 \div 2598960 \approx 1.5 \times 10^{-5}$。

读到这里，有些人不免疑惑：不对啊，4 个人围着桌子玩一副牌，几乎每一次都有人能抓到顺子，甚至同花顺也并非那么罕见。

这是因为你摸了 13 张牌，而不只是摸了 5 张牌。每多摸一张牌，出现顺子和同花的概率都会大幅增加。

不少家长都有过这样的困惑：为什么我的孩子经常丢三落四？说得好听一点儿，这是思维跳跃性强，其实就是想到一出是一出，缺乏有序思维。有序思维就是办任何事情，总需有一定的方法，从方法到操作，先做什么，后做什么，有严格的可操作的规则，并在执行过程中严格按规则去办。有序思维可以使孩子考虑问题有条理，既不重复，又不遗漏，这也是麦肯锡"相互独立，完全穷尽"原则的体现。有序思维在我们的日常工作与生活中经常用到，比如围棋棋子有多少种不同的构型？字典是怎么编排的？

三　有序思维

5 颗连着的围棋子能摆出多少种不同的图案

上帝创造了整数，其他的数都是人造的。

——克罗内克①

引子

旸小时候上了几次围棋入门课，我也借此机会旁听了一会儿。

围棋老师娓娓道来：如果一群大灰狼围住了一群小白兔，小白兔中间有 3 个连续的空位，那么大灰狼能不能吃掉小白兔？

3 个连续的空位如果是直的，称为直三；如果是弯的，称为弯三。这两种情况都是所谓半死半活状态，取决于谁先走。

3 个空位只有这两种情况，那 4 个连着的空位呢？在下围棋的间隙抛出这个问题，时机恰到好处，孩子还是饶有兴趣的。这已经不是围棋"大餐"，而是数学"小甜点"了。当然，这个问题基本难不倒孩子。稍微尝试一下，就可以给出下面的所有构型。

再进一步，如果是 5 颗连着的棋子，一共可以有多少种不同的构型？（假设通过旋转和翻转重合的算同一种构型）这就不是简单摆弄能罗列全的了，为此，我们需要一点儿有序思维的能力。

---

① 克罗内克：德国数学家与逻辑学家，他认为算术与数学分析都必须以整数为基础。

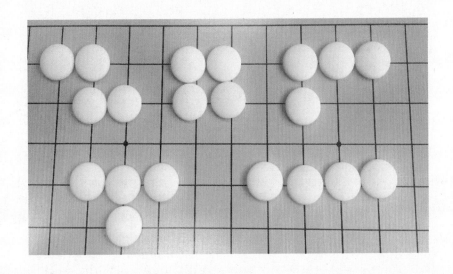

有序思维能力

有序思维是指在思考和解决各种数学问题的过程中,按照一定的规律、顺序、步骤,以及指定的线索去探究的一种思维方式。简言之,有序思维就是办任何事情,从方法到操作,先做什么,后做什么,需要有一定的顺序与步骤,我们习惯称之为次序。这种蕴含次序的思维方式即有序思维方式。

很多家长都有过这样的疑问:在列举所有答案时,为什么我的孩子经常会漏掉一些可能性?为什么我的孩子经常丢三落四?说好听一点儿,这是思维跳跃性强,其实就是没逻辑、想到一出是一出。这其实是由于孩子还没有形成有序思考的习惯。低年级的孩子好奇心强,思维活跃,他们头脑里的思维活动杂、乱、野。

有序思维到底有多重要？我只能说再怎么强调都不为过。有序思维可以使孩子考虑问题有条理，既不重复，也不遗漏（这也是穷举法的基本要求）。

如果你觉得不重复、不遗漏听起来不够高大上，那可以看看麦肯锡的"MECE"原则。MECE是"Mutually Exclusive Collectively Exhaustive"的简称，中文意思是"相互独立，完全穷尽"，也就是对于一个重大的议题，能够做到不重复、不遗漏地分类，而且能够借此有效把握问题的核心，提出解决问题的方法。它是制订周密的解决方案所应遵循的原则。

有序思维也能使语言表达趋于条理化，从而让人更易于理解。现代数学教育认为：虽然数学知识本身非常重要，但是使人终身受益的是数学思想方法。思想方法一旦形成很难改变，会成为处理事情的一种思维定式。不得不说，正是从数学中习得的思维方法而非知识本身，让我的工作和生活受益匪浅。

5 颗连着的围棋子的不同构型

回到 5 颗连着的棋子不同构型这一问题。对于这个问题，昀显然还未能用有序思维来解决它，他在棋盘上摆了一阵子，摆出了 11 种构型，看上去是杂乱无章的。

一种可行的思考方式是将 5 颗连着的棋子按照摆的行数进行分类，分为一行、两行、三行等。这样属于不同类的构型肯定不同。

摆成 1 行：只能是 5 颗连在一起，只有 1 种摆法，见下图。

摆成 2 行：在这种情况下，可以进一步按照每一行的棋子数进行划分，类似于 $5 = a + b\,(a > 0,\ b > 0)$，一共只有 2 种情况。一种是（1，4），即一行 1 个，另一行 4 个；另一种是（2，3）。见下图。

摆成 3 行：在这种情况下，每一行可能的棋子数略微复杂一些，相当于 $5 = a + b + c\,(a > 0,\ b > 0,\ c > 0)$，可以是（1，1，3），（1，2，2），（1，3，1），（2，1，2）。但此时要注意别重复。如果横着看有 3 行，但竖着看只有 2 列，那实际上把这个图形旋转 90 度就变成了只有 2 行的情况。因此，要和上面不一样，横着 3 行，竖着也至少得有 3 列。见下图。

数一下，一共居然有 12 种摆法！当我在一个数学微信群里提出这个问题的时候，家长们也是众说纷纭，说 8 种、10 种、11 种的都有，但都还差那么一点儿。

序的多样性

序并非唯一的。什么样的顺序是合理的，不同的人有不同的理解。比如，数一数下图中一共有多少个长方形？

我发现孩子的第一反应和我的就不一样。我的第一思考方式是，按照长方形包含的小长方形（我称之为原子图形）的个数进行分类。于是有：

包含 1 个：7 个；

包含 2 个：6 个；

包含 3 个：5 个；

……

包含 7 个：1 个；

总共：$1 + 2 + 3 + \cdots + 7 = 28$ 个。

而经我分析，孩子的第一思考方式是：按照长方形最左边的边进行分类，也分为 7 类：

> 最左边的边为左起第一条竖线：7 个（对应的长方形分别包含 1 ~ 7 个格子）；
>
> 最左边的边为左起第二条竖线：6 个；
>
> ……
>
> 最左边的边为左起倒数第二条竖线：1 个；
>
> 总共也是 28 个。

结果固然重要，但思维过程更重要。在孩子的表达过程中，善于洞察和捕捉孩子的思维方式，是对家长和教师的一大挑战。

对于前面 5 颗连着的棋子共有多少不同构型的问题，另一种有序的思考方法是从 4 颗连着的棋子的 5 种构型开始，并在此基础上增加一颗棋子，得到 5 颗连着的棋子的不同构型。这里的关键是对新识别出的构型进行标记，并快速地识别出重复的构型。

4颗棋子的不同构型	添加一颗棋子后的不同构型
○○○○	○○○○○ (1)　　○/○○○○ (2)　　○/○○○ (3)
○/○○○	[○/○○○○] 与(3)重复　　○○○/○○○ (4)　　○○/○○○ (5)　　○/○○○○ (6)　　○○○/○○ (7)
○/○○○	[○/○○○○] 与(2)重复　[○/○○○○] 与(3)重复　[○○/○○○] 与(4)重复　○/○○○ (8)　　○/○○○ (9) [○/○○○/○] 与(5)重复　[○○○/○] 与(7)重复　○○○/○ (10)
○○/○○	[○○/○○○] 与(4)重复
○○/○	○○○/○○○ (11)　[○○○/○○○] 与(4)重复　○/○○○/○○ (12)　[○/○○○/○○] 与(7)重复

字典序与有序思维

从最简单的做起。
——波利亚[1]

字典与字典序

无论是学习中文还是英文，查字典都是我们学习过程中必不可少的一种技能。那么，你在查字典之余，有没有留心一下字典是怎么排序的呢？无论是汉语词典还是英文词典，我们都可以从中看出有序思维的端倪。

先以英文词典为例。英文词典是如何排序的？小孩子们都会脱口而出：是按照 a，b，c，d，e，…，z 这 26 个字母的顺序排序的，如果第一个字母相同，那么按第二个字母的先后顺序排序，依此类推。

举个例子：

请问 acid，apple，accident，applaud，appraise，aside，applet 这些英文单词在字典中是如何排序的？

稍微思考一下，就知道这些单词按字典序的排序如下：

accident，acid，applaud，apple，applet，appraise，aside

与英文词典不同，使用汉语词典查汉字有两种查字方法：拼音查字法和部首查字法。

---

① 波利亚：美籍匈牙利数学家。

拼音查字法和英文查找单词的方法差不多。不过，除了拼音的字母顺序，还增加了一个声调，即如果拼音完全相同，那么再按照阴平、阳平、上声、去声的顺序排列。整部汉语词典也是按照拼音顺序予以编排的。而部首查字法则分两步走：首先根据部首的笔画来检索部首，然后根据汉字除部首外的笔画来检索汉字。对于一个认识的汉字，一般而言，部首查字法要比拼音查字法慢。当然，很多时候我们查字典是因为我们不认识这个汉字，自然无从知道其读音，因此部首查字法就显得很有必要。

字典序思想的应用

字典序实际上就是一种从小到大按顺序排列的思想。掌握了这种思想方法，很多问题就能迎刃而解。下面举几个常见例子。

例1 我们有1元、2元（目前使用的第5套人民币没有2元面值的）、5元和10元的纸币，现在要支付10元，请问有多少种不同的支付方法？

如果没有一定的顺序，那么难免遗漏或重复。解决这种问题有许多不同的思考方法，但无论采用哪一种方法，你在开始之前一定要制订好策略，并确保后面严格按照策略来执行。

例如，你的初步策略可能是：从最小的面值开始逐步增大面值。

$$1+1+1+1+1+1+1+1+1+1=10$$

$$1+1+1+1+1+1+1+1+2=10$$

$$1+1+1+1+1+1+2+2=10$$

$1+1+1+1+2+2+2=10$

$1+1+2+2+2+2=10$

$2+2+2+2+2=10$

$1+1+1+1+1+5=10$

然而，你会发现这是一个模糊的策略。到底是先列举 $2+2+2+2+2=10$，还是先列举 $1+1+1+1+1+5=10$？策略并没有精确地规定。

换一个策略，我们可以根据所使用面值的最大值来分类：

(1) 使用的最大面值为 10 元。

只有一种方法，即 1 张 10 元纸币。

(2) 使用的最大面值为 5 元，可以分为两种情况：

使用 2 张 5 元，只有一种方案，即 $5+5$；

使用 1 张 5 元，在这种约束下，可以使用 2 张 2 元、使用 1 张 2 元或不使用 2 元，分别对应了下面的 3 种方案：

$5+2+2+1$；

$5+2+1+1+1$；

$5+1+1+1+1+1$。

(3) 使用的最大面值为 2 元，可以分为下面 5 种方案：

使用 5 张 2 元，对应 $2+2+2+2+2$；

使用 4 张 2 元，对应 $2+2+2+2+1+1$；

使用 3 张 2 元，对应 $2+2+2+1+1+1+1$；

使用 2 张 2 元，对应 $2+2+1+1+1+1+1+1$；

使用 1 张 2 元，对应 $2+1+1+1+1+1+1+1+1$。

(4) 使用的最大面值为 1 元，只有 1 种方案，即 10 张 1 元纸币。

因此，总计为 $1+4+5+1=11$ 种。

当然，我们也可以按使用的最小面值来分类，但会复杂一些。

第三种方案，我们可以按使用的人民币张数来分类：

使用 1 张：只有一种方案，即一张 10 元；

使用 2 张：只有一种方案，$5+5$；

使用 3 张：不存在；

使用 4 张：$1+2+2+5$；

使用 5 张：$1+1+1+2+5$；$2+2+2+2+2$；

使用 6 张：$5+1+1+1+1+1$；$2+2+2+2+1+1$；

使用 7 张：$2+2+2+1+1+1+1$；

使用 8 张：$2+2+1+1+1+1+1+1$；

使用 9 张：$2+1+1+1+1+1+1+1+1$；

使用 10 张：$1+1+1+1+1+1+1+1+1+1$。

总计 11 种。

从上面的过程我们可以看出，分类策略是有序思维的关键，分类必须是确定的、穷尽的、不重叠的。

我们能不能按照字典的升序策略来有序枚举呢？也就是说，我们写下的序列是满足总和为 10 元，但是按照 1 最小，2 次之，然后是 5，最后是 10 的升序排序策略。按照这一策略，我们得到了下面符合要求的 11 种组合：

$1+1+1+1+1+1+1+1+1+1$；

$1+1+1+1+1+1+1+1+2$；

$1+1+1+1+1+1+2+2$；

$1+1+1+1+1+5$；

$1+1+1+1+2+2+2$；

$1+1+1+2+5$；

$1+1+2+2+2+2$；

$1+2+2+5$；

$2+2+2+2+2$；

$5+5$；

10。

例2 假如有 3 盏灯，每盏灯都可以是红、黄、绿 3 种颜色之一，那么一共可以表示多少种不同的信号？

假如红色用 r 表示，黄色用 y 表示，绿色用 g 表示，那么我们可以按照字典序（g < r < y）把所有的排列列举出来。

ggg，ggr，ggy，grg，grr，gry，gyg，gyr，gyy

rgg，rgr，rgy，rrg，rrr，rry，ryg，ryr，ryy

ygg，ygr，ygy，yrg，yrr，yry，yyg，yyr，yyy

如果有红、黄、绿 3 盏灯，可以用其中的一盏或多盏来表示信号，那么一共可以表示多少种不同的信号？则按字典序，有下面的排列：

g，gr，gry，gy，gyr，r，rg，rgy，ry，ryg，y，yg，ygr，yr，yrg

最后，留一个小小的问题供读者思考：用 MIXER 的 5 个字母进行任意排列，一共有 120 种排列方法，如果把这些排列按照字典序分别编号 1 到 120，那么 REMIX 的编号是多少？（答案和解题思路可在作者公众号"昀爸说数学与计算思维"中获取）

从具体的 1 个苹果、2 个苹果，到抽象地用 a、b，c 表示数，从个性到共性，形成解决问题的普适模式，是从形象思维到抽象思维的过程，是思维发展过程的一次大跨越。数学是抽象的，但数学又来源于具体的生活。抽象思维应该从什么时候开始培养？抽象思维应该如何培养？从看得见、摸得着的具体生活问题开始，一步步地对问题进行抽象并给出解决方法。探索与总结的过程是完成形象思维到抽象思维这一跨越的关键。5 刀可以把蛋糕切成多少块？大自然的美与斐波那契数列有什么关系？本章通过这些问题来探讨抽象思维的培养。

四　抽象思维

抽象思维的培养：家长切莫操之过急

数缺形时少直观，形少数时难入微。

——华罗庚

形象思维

三年级时，我在旭的卷子上发现了一道附加题（如下图）。

$$\triangle + \triangle + \triangle = 9 \qquad\qquad \triangle + \bigcirc = (\quad)$$

$$\square + \square + \square + \bigcirc = 20 \qquad\qquad \square + \bigcirc = (\quad)$$

$$\square + \square + \bigcirc = 14 \qquad\qquad \square \times \bigcirc = (\quad)$$

题目要求是在（　）里填上合适的数。

我问他怎么做的，他说从第一个式子中可以看出△＝3，难点在后面，因为第二个式子比第三个式子的左边多一个□，而最后的结果多了 6，因此□＝6，最后就得到了○＝2。

74

从大人的角度来看，其实这就是个方程组：

$$\begin{cases} 3 \times x = 9 \\ 3 \times y + z = 20 \\ 2 \times y + z = 14 \end{cases}$$

我想借此给旸引入方程的概念，于是先出了上面这个题。由于他刚做过那道形象题，经过观察，他能够对得上号。

于是，我再出了下面的题：

$$\begin{cases} 3 \times x + 2 \times y = 8 \\ 5 \times x + 2 \times y = 12 \end{cases}$$

我以为旸能够以同样的思维方式求解这个问题，但出乎意料的是，他并不能理解用符号表示数的含义，当然就更不能理解方程了。这不得不引发我对形象思维和抽象思维的思考。

形象思维也叫具象思维，是用直观形象和表象解决问题的思维方式，其特点是具体、形象性。

数学中的形象思维较多集中在直观形象的内容上，如几何图形、函数图像等。英籍匈牙利数学哲学家拉卡托斯认为：数学本质不是纯理性的逻辑推演，而是通过归纳方法构筑在经验基础上的一门拟经验的科学。一个很好的例子是，康托尔[①]首次提出集合论的时候，许多人难以理解，但是当韦恩[②]用简单的圆圈表示集合，用圆圈与圆圈的关系

---

① 康托尔：德国数学家，集合论的创始人。
② 韦恩：英国哲学家、数学家。1881 年，他发表了韦恩图。

表示集合之间的关系后，深奥的集合理论一下子就变得简单了。

抽象思维

抽象思维属于理性认识，它凭借科学的抽象概念对事物的本质和客观世界发展的深远过程进行反映，使人们通过认识活动获得远远超出靠感觉器官直接感知的知识。

有一次，我与中科院的一位年过七旬的老院士聊天，他跟我讲了一句话："科学的本质在于分类与抽象。"一开始我没有在意，后来细想觉得真是精辟极了。我和创业的刘同学聊起这句话时，他不禁拍案叫绝，并把这句话作为思考的出发点来梳理公司产品和业务的逻辑。他认为这个方法非常有效，是把无序变成有序的法宝。

科学的抽象是在概念中反映自然界或社会物质过程的内在本质思想，它是在对事物的本质属性进行分析、综合、比较的基础上，抽取出事物的本质属性，撇开其非本质属性，使认识从感性的具体进入抽象的规定，形成概念。比如，对数字的认识，我们都开始于"一个苹果""一个人""两只手"这些具体的概念，当抽取出其本质的数量属性之后，才形成了对数字"1""2"的抽象数量概念。

回到我的老本行计算机领域上来，如果非要找出学计算机的人在哪些方面比其他学科的人有优势，那一定非抽象思维能力莫属。对于一个有经验的程序员来说，抽象是一种深入骨髓的思考方法。

形象思维 VS 抽象思维

克莱因是德国的数学大家，著有《高观点下的初等数学》一书，他强调教师的讲授应当顾及学生的心理，不应只讲系统。对于小学低年级的学生，教师要抓住孩子们的兴趣，深入浅出地讲授内容。对于高年级学生，教师才可以用比较抽象的讲法作公理化的解释。低年级的孩子未必能理解"数"这样抽象的概念，他们总是会把数同核桃、苹果等这些具体的形象联系起来，因此，我们应结合他们感兴趣的事物，给他们讲解数的概念。

在克莱因的"数"的教学中，到中学三年级（相当于我国的初中一年级）之后，算术才开始套上数学高贵的外衣，转而用字母符号来进行运算。用 a，b，c 或 x，y，z 来表示任何一个数，并将算术的运算法则用到字母所表示的数上，这是抽象化过程的一大步。真正的数学是从字母符号的运算开始的。在我们中国的数学课程体系中，用字母表示数这一从形象到抽象的质变在 20 年前也是被安排在初一年级，现在则被安排在了小学五年级。确实，等到旭上五年级的时候，我再给他讲本文开头的方程，他就能顺利地理解了。

这让我想起 4 年前，我第一次看到高中的老王同学让他刚上二年级的儿子记高斯公式求和与计算数列项数时感到万分震惊：

$$1 + 3 + 5 + 7 + \cdots + 99$$

因为二年级的孩子还处于形象思维阶段，给他讲解下面这样的公式非常困难，对他们而言，这无疑是天书。

$$S_n = \frac{(a_1 + a_n)}{2} \times \left(\frac{a_n - a_1}{d} + 1 \right)$$

我认为，在小学低年级或学前阶段，家长要注重培养孩子的形象思维，让他们对数学建立起直观印象和兴趣。切莫揠苗助长，在这个阶段试图将抽象的概念灌输给孩子很可能会起到负面的作用。

数形结合

数学中,形象思维和抽象思维的天然交集就是数形结合。德国著名数学家希尔伯特曾说:"算术记号是写下来的图形,几何图形是画下来的公式。"

数形结合是指在解决数学问题的过程中,结合问题中各要素间的本质联系,根据实际需要,将数量关系与几何图形相结合,依据数与形的对应关系,通过数与形相互转化的方式使问题得到巧妙解决的一种思想方法。

在解决问题中,其策略具体表现为把有关数量关系的问题转化成图形性质的问题进行分析,或者将有关图形性质的问题转化成数量关系的问题加以讨论。这种思想方法不仅分析问题的代数含义,而且揭示其几何意义,把抽象的数学运算和直观的几何图形紧密地联系起来。这种思想方法具备了数的精确性和形的直观性的双重优势,以数精确地分析形,或以形直观地表示数。

乘法分配律 $a \times (b + c) = a \times b + a \times c$ 是小学阶段几大算术运算规律(其余两个是交换律、结合律)中最复杂的一个,也最灵活多变。

某培训机构考虑到孩子记公式不易,甚至为此准备了记忆秘籍:把两个加数当成小偷,把外面的乘数当成警察,把括号当成牢房,这样在小偷出来时,一个小偷要有一个警察带着,两个小偷就要各跟一个警察,再把两个小偷关进牢房的时候,只要一个警察在门外看守就行。

第一次读到这个秘籍的时候，我有种哭笑不得的感觉。有这工夫，为什么不用数形结合的思维来解决？下图中的圆圈个数可以用两种方法计算：一种是 $8 \times (6 + 4)$，另一种是 $8 \times 4 + 8 \times 6$，两者相等即是乘法分配律。这样不仅让孩子记忆牢固，而且训练了他们的数学思维。

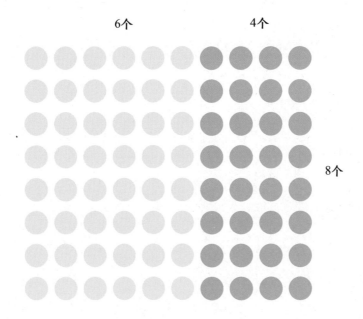

用上面的方法，可以解决类似下面更复杂一点儿的问题：

A 组 3 个数为 0.6、0.9、1.5，B 组 3 个数为 1.2、1.5、2.3。现将 A 组的 3 个数分别与 B 组的 3 个数两两相乘，请问所有的积之和是多少？

第一种做法：死算，即分别计算出所有的乘积（两两相乘后的 9 个乘积），然后逐一相加。

第二种做法：数形结合，将 A 组的数作为行，将 B 组的数作为列，A 组中的一个数和 B 组中的一个数的乘积即为某个长方形的面积。那么，所有乘积之和就是整个长方形的面积，为：$(0.6+0.9+1.5) \times (1.2+1.5+2.3)=3 \times 5=15$。通过这个例子，孩子对乘法分配律会有更直观和深入的认知。

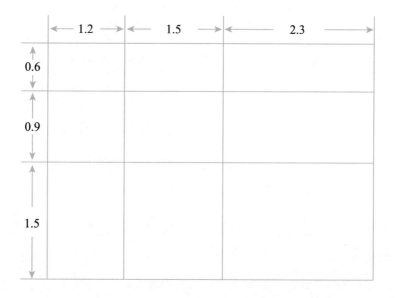

我在大学教计算机专业的《操作系统原理》课，传统的操作系统课程中有一个磁盘移动臂调度算法，我发现每次都有学生用死算的办法，明明是送分的题最后却计算错误。

把这个计算机问题转换成数学题大概是这样的：

有一个磁盘读写的请求序列，抽象后每个请求对应为一个柱面号，所有的请求对应的柱面号序列为：101，3，189，88，10，105，147，68。磁头通过横向移动到对应请求所在的柱面来服务对应的请求，当前磁头位于90，现按照最短作业优先的算法来服务请求，即每次都服务距离当前磁头最近的那个柱面请求，请问磁头共要移动多少距离？

服务的序列是：$90 \rightarrow 88 \rightarrow 101 \rightarrow 105 \rightarrow 68 \rightarrow 10 \rightarrow 3 \rightarrow 147 \rightarrow 189$

几乎每年都有学生这么算：$(90 - 88) + (101 - 88) + (105 - 101) + (105 - 68) + (68 - 10) + (10 - 3) + (147 - 3) + (189 - 147)$

这么算没错。但是，一不小心就算错了。

如果画下面这张图呢？那就变成 $(90 - 88) + (105 - 88) + (105 - 3) + (189 - 3)$，通过数形结合的思想，避免了不必要的计算。

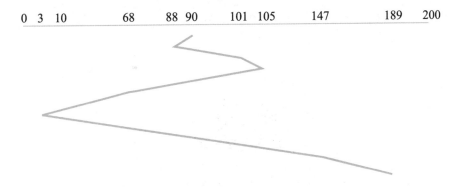

脑洞大开，原来蛋糕可以这么切

观察可能导致某种发现，观察将揭示某种规则、模式或定律。

——波利亚

生日蛋糕怎么切

12月是旳最喜欢的月份，因为这个月里不仅有圣诞节，还有他的生日。他每次说到鲜奶蛋糕时总会垂涎欲滴。想吃蛋糕？没问题，不过得动点儿脑子。

我与彼时二年级的他约定，如果能完成切蛋糕的问题，妈妈就会去买他想要的那款生日蛋糕。问题是这样的：

一块蛋糕，切3次最多能把蛋糕切成多少份？切4次、5次、6次呢？

这是一道具有生活实际意义的数学问题，也是我做过的数学题中让我至今记忆犹新的一道题。数学应该源于生活，指导应用。纯粹形而上的数学，会让人感到乏味。

由于蛋糕的诱惑，旭拿到这个题目之后就开始尝试。切3次不难，经过几次尝试，他给出7块的答案（见下图）。那切4次，最多能切成多少块呢？结果就不那么直观了。

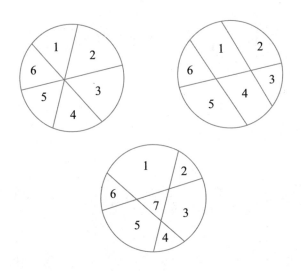

观察与总结

经过几番尝试，他总结出两点直观的经验：

（1）几刀不要相交在一点。

（2）相交的点越多，可以切的块数越多。

最后，他得出了切4刀可以分成11块的结论（见下页图）。至于能不能更多，他不知道。我想，对于一个小学二年级的孩子来说，这就足够了。好吃的生日蛋糕，有了！

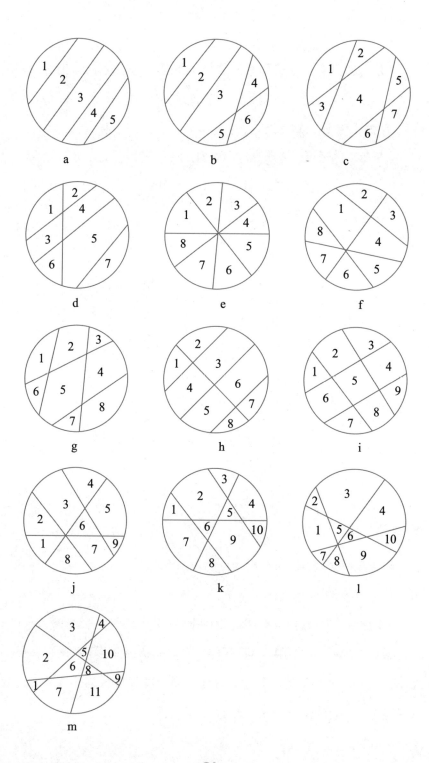

a

b

c

d

e

f

g

h

i

j

k

l

m

84

观察力是思维的触角。观察现象，探寻本质，是解决许多问题的必然过程。剑桥大学教授贝弗里奇说："培养那种以积极的探究态度关注事物的习惯，有助于观察力的发展。"在研究工作中养成良好的观察习惯比拥有大量的学术知识更重要，这种说法并不过分。被称为数学界三大难题之一的哥德巴赫猜想，其发现者哥德巴赫在数学领域并没有什么地位，但他善于观察，并大胆提出了一个至今都不能被证伪的猜测，其在普通人中的知名度甚至高过了数学大家高斯和欧拉，这可谓对善于观察者最高的奖励了。

培养孩子的观察力，需要我们把观察的任务具体化，引导他们从现象乃至隐蔽的细节中探索事物的本质。从多种尝试中进行观察总结，会得到一些直观的结论。这些结论有些可能是正确的，有些可能是不正确的。不正确的结论会在更多的观察样本中被证伪，而正确的结论则会成为指导后续行为的准则。

但是，许多时候得出的这些结论还只是表象，并没有揭示真正的本质。比如旧切蛋糕的结论：切的几刀不要相交在一点，这可以作为指导后续操作的准则。但为什么不要相交在一点？实际上，如果进一步挖掘，每一根线段或射线都把原来的区域一分为二。因此，交点越多，最后的线段就越多，而几根线段相交于一点显然减少了交点的个数，从而减少了线段的数量。

抽象提升

一般而言，这个问题的解答需要有递归的思维，这超出了小学二年级学生的范畴。抽象出来，这个问题就是：

n 条直线最多可以把一个平面划分成多少块?

假设 n 条直线最多可以把一个平面划分成 $f(n)$ 块, 那么, 再多一条直线, 也就是 $(n+1)$ 条直线, 最多可以把平面划分成 $f(n+1)$ 块。第 $(n+1)$ 条直线最多与前面的 n 条直线都相交, 共有 n 个交点, 从而把第 $(n+1)$ 条直线分成 $(n+1)$ 段, 每一段都把原来的一块一分为二。因此, $f(n+1) = f(n) + n + 1$。有了这个递推关系, 后面的问题就迎刃而解了。

下图给出了 $n = 4$ 的示意图, 前面 4 条直线把现有平面分成了 11 块, 第 5 条直线与之前的 4 条直线都相交, 共有 4 个交点, 把第 5 条直线分成了 5 段 (包括两条射线和 3 条线段, 如图中①、②、③、④、⑤所示), 从而把这些线段所在的区域一分为二。因此 5 条直线把平面最多划分成的块数, 比 4 条直线把平面最多划分成的块数多 5, 即为 $11 + 5 = 16$ 块。

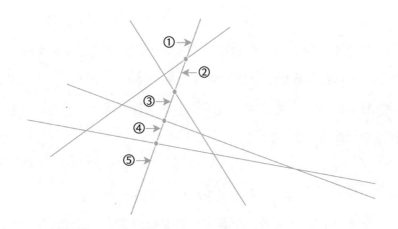

递归抽象对于以形象思维为主的中低年级小学生来说还是太难了。那他们能不能通过观察的方法得到理论上较为合理的解释呢？再回到前面对于切4刀的经验总结。

一方面，如果几刀相交于一点，显然是不能切出最多块数的，比如84页切4刀图中的（e）（f）（j）（l），只要把交于一点的一条线稍微移动一下，就可以切出更多的块数；

另一方面，如果没有3刀交于一点，那么，从观察可以看出，交点越多，切的块数越多，并且每多一个交点，就多切一块，比如从（a）→（b）→（c）→（g）→（i）→（k）→（m）。

显然，当n条直线互不相交（即两两平行）时切的块数最少，为（n＋1）块；之后每多一个交点就多出一块。于是，问题就转变成了n条直线最多可以有多少个交点，相对而言就直观得多了。

之前，我看到旭的试卷上有一道找规律的题目：

1，2，4，7，11，____，____

如果从0条直线开始，把直线切平面所得的块数都罗列在这里，你会发现，这个数字和上面的序列一模一样！因此，即便你没有第一种抽象思维能力，也没有第二种方法所要求的观察深度，那也不要灰心，你还可以通过简单尝试和找规律的办法，猜出问题的答案。

突破惯性思维

本以为这次讨论到此可以结束了，但晚上跟旭再次聊到切蛋糕时，他来了一句："我觉得 3 刀可以切 8 块，因为可以竖着切，也可以横着切。"他的这个新发现让我很欣喜。一说切蛋糕，99% 的人都会想着是垂直切，这就是一种惯性思维。很多时候，惯性思维会给我们的思想戴上枷锁。事实上，我并没有说非要垂直切，因此，我们可以从任意角度去切蛋糕，就跟切西瓜一个道理。

那么问题来了：

去掉了"垂直切"这个条件的约束，3 刀最多可以把蛋糕切成多少块呢？4 刀呢？n 刀呢？

这个问题实际上是平面划分空间的问题，即 n 个平面最多可以将空间分成多少个部分？这个问题从直线分平面衍生而来，但比它更复杂，有兴趣的家长和小朋友们可以用橡皮泥等来尝试一下，然后探究一下背后的原理。

如何找最佳的聚会地点

只要一门科学分支能提出大量的问题，它就充满着生命力，而问题缺乏则预示着独立发展的终止或衰亡。

——希尔伯特[1]

费马点

有一次，我找两个同城的学生一起聚会，其中一个学生在城市的西北角，另一个在城市的东北角，我在城市的东南角。那么问题来了，怎么找一个合适的聚会地点？

怎么算合适，本身并没有确切的定义。

一种是让大家都觉得公平，那就找一个距离三个人所在位置都差不多的地方；

另一种则是整体最优，也就是让三个人跑的总路程最少。

抛开交通工具便利性和道路的纵横限制，这个问题可以抽象成如下的平面几何问题：

平面上有 3 个点 A、B、C，如何找一个点 P，使得 AP＋BP＋CP 最小？

---

[1] 希尔伯特：德国著名数学家。1900 年，他提出了新世纪数学家应当努力解决的 23 个数学问题，对 20 世纪数学发展有深远影响。

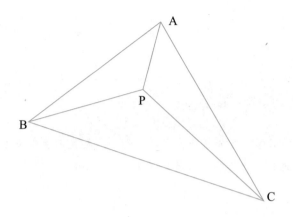

进一步，如果4个人呢？更进一步，如果每个地点的人数都不一样呢？

这个问题其实在不同场合有很多不同的具体表现，比如：

（1）一只猫观察到老鼠洞共有3个出口，它们不在一条直线上，这只猫应该蹲在何处，才能最省力地顾及3个出口？

（2）有甲、乙、丙3个村庄，要在中间建一座供水站向三地送水，如何确定供水站的位置，以使所需管道总长最小？

上面两个看似无关的问题，抽象之后与聚会问题一样都是平面几何问题。从一些具体的个性问题中抽取出共性问题，是抽象能力的关键。实际上，这是一个历史名题，由法国数学家皮埃尔·德·费马提出，问题中所求的点被称为"费马点"。

费马正式的职业是律师，他一生从未受过专门的数学教育，数学研究也不过是业余爱好，但他在数学上的成就不比职业数学家差，被誉为"业余数学家之王"。在17世纪的法国，费马这一业余数学家的成就让其他职业数学家都感到汗颜：他独立于笛卡尔发现了解析几何的基本原理；他对于微积分诞生的贡献仅次于牛顿和莱布尼茨[①]；他还是概率论的主要创始人，以及独撑 17 世纪数论天地的人。著名的费马小定理和费马大定理（又称费马最后定理）都是以费马的名字命名的。

有趣的是，关于费马大定理，费马曾在自己的手记中写道："我确信已找到了一个极佳的证明方法，但书的空白太窄，写不下。"这一"写不下"不打紧，却困惑了世间智者 300 多年。

费马点的证明

首先，我们证明费马点不可能在三角形的外部。假设费马点在 $\triangle ABC$ 的外部，则它必然落在 AB、AC、BC 延长线构成的 6 个区域内。假设在 P_1 的位置，则由于 $\angle BAP_1 + \angle CAP_1 = 360° - \angle BAC > 180°$，故其中必有一个为钝角，不妨假设 $\angle CAP_1 > 90°$，则 $CP_1 >$

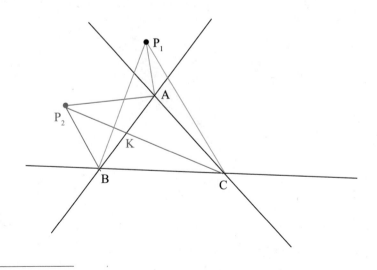

---

① 莱布尼茨：德国哲学家、数学家，被誉为 17 世纪的亚里士多德。

CA，$AP_1 + BP_1 > AB$，因此 $AP_1 + BP_1 + CP_1 > AB + AC$，故 A 点比 P_1 点更合适。

假设在 P_2 的位置，则连接 CP_2 与 AB 相交于 K，则有 $AP_2 + BP_2 + CP_2 > AB + CK = AK + BK + CK$，因此 K 点比 P_2 点更合适。

假如费马点在△ ABC 的边界或内部，那么可以采用下面的方法寻找和证明费马点。

一种方法是用旋转法。如在下图中，将△ CBD 绕 C 点逆时针旋转 60°，得到△ CFE。△ CDE 为正三角形，且 BD = EF，所以 AD + CD + BD = AD + DE + EF。

当 A、D、E、F 四点共线时，AD + DE + EF 取得最小值，此时 $\angle ADC = 180° - \angle CDE = 120°$，$\angle BDC = \angle FEC = 180° - \angle CED = 120°$。

因此，D 点是使得 $\angle ADC = \angle BDC = \angle ADB = 120°$ 的点。

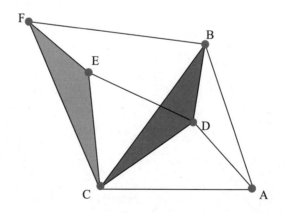

当然，如果△ ABC 的某个角本身大于等于 120°（假设为 $\angle ACB \geq 120°$），那么上面这样的点是不存在的。

此时，费马点就是 C 点。如图所示，如果 $\angle ACB = 120°$，那么同样将△DCB绕C逆时针旋转60°后，AD + CD + BD = AD + DE + EF，当D点与C点重合时取得最小值AC + BC。

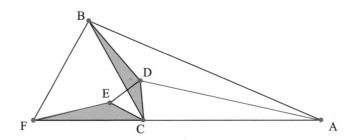

除了旋转法，另一种常用的证明方法是面积法。如下图所示，设费马点为P，连接PA、PB、PC，分别过A点作PA的垂线，过B点作PB的垂线，过C点作PC的垂线，三条垂线延长交于X、Y、Z。则易知△XYZ为正三角形，设其边长为L。

利用正三角形的性质：正三角形内任一点到三边的距离之和等于正三角形的高，即PA + PB + PC = $\frac{\sqrt{3}}{2}$L。

对于任意一点P′，同样作P′A′、P′B′、P′C′分别垂直于XZ、XY、YZ。

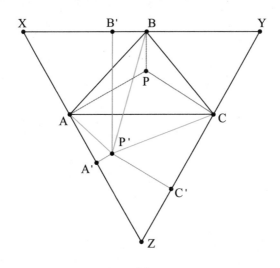

根据面积法可知 $P'A' + P'B' + P'C' = \dfrac{\sqrt{3}}{2} L$，由于 $P'A \geqslant P'A'$，$P'B \geqslant P'B'$，$P'C \geqslant P'C'$，因此 $P'A + P'B + P'C \geqslant P'A' + P'B' + P'C' = PA + PB + PC$，仅当 P' 与 P 点重合时两者相等。

　　费马点的特征已经知道了，怎么利用尺规作图把费马点确定下来呢？注意到 120° 角这个特征，我们可以按如下的方法来作图：

首先，以 AB、AC、BC 分别为底边向外作正三角形；

其次，分别得到 3 个正三角形的中心；

最后，以每个三角形的中心为圆心分别作它们的外接圆，其交点 E 即为费马点（因为 $\angle AEB = \angle AEC = \angle BEC = 180° - 60° = 120°$），如下图所示。

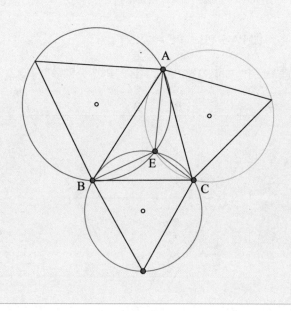

方程思维对小学生是洪水猛兽吗

宁可少些，但要好些。

——高斯

谈方程色变

有不少小学生家长谈方程色变，坚定地认为教方程会扼杀孩子的数学思维。

那么，方程对于小学生而言，真的是洪水猛兽吗？在我看来，完全没有必要把方程方法和算术方法对立起来，更不必把方程看作洪水猛兽。

不用方程，可以更多地训练孩子的算术思维、逆向思维，但数学思维不仅仅是算术思维和逆向思维。与算术方法不同，方程确实会简化部分问题的思考，能把需要逆向思考的问题变成正向思考，何乐而不为呢？

方程思维的本质

用符号表示数量，是数学从算术到代数的关键转变，是抽象思维形成的关键。

实际上，小学低年级数学课本中已经有不少用符号表示数量的章节，类似于下面这样的问题。

问题 1

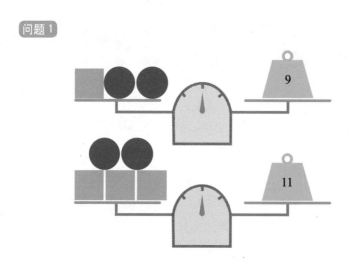

请问上图中，红色与绿色的图形分别代表多少克？

问题 2

请问上图中，一杯咖啡多少钱？

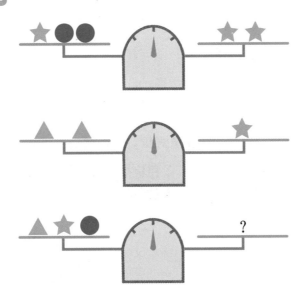

問題 3

请问上图中的问号处应该放多少个红球，才能使最后一架天平保持平衡？

为什么大家不反对这些教学内容？因为它是用形象的图案来表示未知数。而一旦用 x、y 来表示未知数，大家似乎就有一种本能的抵触心理。实际上用 x、y 和用□、△或苹果、梨子表示未知数，并没有本质区别。

在上面这些教学内容的基础上，如果顺势而为，则能比较顺利地引导孩子完成从算术思维到抽象思维的跃升。然而，刻意地回避用方程解决问题，则让这些章节的教学效果大打折扣。

方程思想是一种重要的数学思想，是数学后续学习的重要基础。用方程解决问题有两个关键步骤：一是列方程；二是解方程。

列方程的本质是分析问题的数量关系。在用符号表示数的基础上，进一步用已有的符号（即设定的未知数）表示未知的量，然后通过不同的角度计算同一个数量，从而建立等价关系，这是建立方程的关键。而解方程本质上是等量替换，也是从小学低年级就开始训练的思维。

方程不仅能提升我们的抽象思维，用得好，还能辅助我们的算术思维。两者不是严格对立的，而是相辅相成的。

几道习题

我们不妨来看几个大家熟知的例子。

例1　鸡兔同笼问题

今有鸡兔同笼，上有三十五头，下有九十四足，问鸡兔各几何?

按照我们传统的假设解法，假设全是鸡，那么共有 70 足，现有 94 足，多了 24 足。把一只鸡换成一只兔多 2 足，因此共有 $24 \div 2 = 12$ 只兔，剩下 23 只鸡。

如果用方程，可以假设有 x 只兔，那么鸡有 $(35 - x)$ 只（这一步是用已有的符号来表示未知的量，对于方程思维很重要），总共有 $[4x + 2(35 - x)]$ 足，因此：

$4x + 2(35 - x) = 94$，得 $(4 - 2)x = 94 - 70$，故 $x = (94 - 70) \div (4 - 2) = 12$ 只。

例2 《九章算术》中的盈亏问题

今有（人）共买物，人出八，盈三；人出七，不足四；问人数物价各几何？

这段文字译为今文是：几人共同出钱买东西，每人出 8 元则多 3 元；若每人出 7 元则少 4 元，求人数和物价。

按我们传统的做法，如果每人出 8 元则多出 3 元，每人出 7 元则少 4 元，那么总的钱数等于每人出 7 元再加 4 元，也等于每人出 8 元再减掉 3 元。因此，每人出 8 元比每人出 7 元最后的总钱数多了 7 元。为什么多出 7 元？因为每个人多出了 1 元，因此总人数是 7 人，物价为 53 元。

如果用方程，可以假设人数为 x 人，那么总钱数的表示则有两种方法，一种是（8x − 3），另一种是（7x + 4）。这两者相等，即 8x − 3 = 7x + 4，从而 x = （4 + 3）÷（8 − 7）= 7 人。

上面两个问题，不用方程一定比用方程的思维更好吗？并不见得。从解方程的过程，大家也可以看出一点端倪。实际上，如果不做任何简化计算，最后解方程的算式就是不用方程的思考过程。当我逆向思考短路的时候，我会先通过解方程来反演逆向思考的过程。

例3 年龄问题

今年妈妈的年龄是 Alice 年龄的 5 倍，两年以后，妈妈的年龄将是 Alice 年龄的 4 倍。妈妈和 Alice 今年分别是多少岁？

年龄问题的核心是两个人增加的年龄是相同的。一种做法是画出线段图。

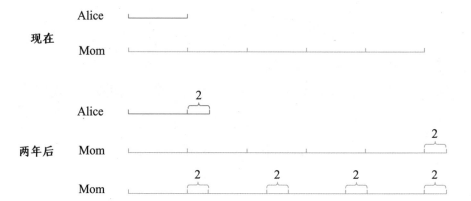

现在妈妈的年龄是 Alice 的 5 倍，两年后，Alice 和妈妈的年龄都在现在的基础上增加 2 岁。但同时妈妈的年龄变成 Alice 的 4 倍，那么可以用 4 个 Alice 两年后的年龄来表示妈妈的年龄。这两种表示方式是相等的，从而可以推出现在 Alice 年龄所代表的线段长度是 6 岁，妈妈是 30 岁。

另一种做法是假设妈妈的年龄仍然是 Alice 的 5 倍，那么妈妈的年龄应该比两年后妈妈的实际年龄大 8 岁，而实际只有 Alice 的 4 倍，因此这个假设中大出来的 8 岁就是 Alice 两年后的年龄，那么 Alice 现在是 6 岁。在我看来，这种做法并不是一种正常的思考方式，有点过于追求"术"。

实质上，第一种建模方法已经蕴含了方程的思维，只是用线段来替代了抽象的符号表示 x。假设 Alice 的年龄为 x，那么两年后 Alice 的年龄为 $(x+2)$，妈妈的年龄为 $5x+2$。根据题目的意思可以建立等价关系 $5x+2=4(x+2)$，从而 $x=6$。最后这个等式体现的就是上面图中妈妈年龄的两种表示方法相等。

例 4　这是昍作业本上的一道题，大概是这样的：

小明买 2 支钢笔和 4 块橡皮花了 18 元，买 1 支钢笔和 8 块橡皮花了 12 元，请问买 1 支钢笔和 1 块橡皮分别需要多少钱？

不用方程，根据第二个条件，可以得出买 2 支钢笔和 16 块橡皮要花 24 元，这种买法比第一种买法多花了 6 元，多买了 12 块橡皮，因此一块橡皮 0.5 元，从而 1 支钢笔 8 元。或者把第一个条件等价于买 1 支钢笔和 2 块橡皮花 9 元，同样可以得到答案。

但这种解法本质上和方程无异。假设钢笔 x 元一支，橡皮 y 元一块，那么有：

$$\begin{cases} 2x + 4y = 18 \\ x + 8y = 12 \end{cases}$$

解上面方程组的过程，就是不用方程解答时的思考过程。

总之，方程并非洪水猛兽。小学中高年级是从形象思维到抽象思维转变的关键期，而方程则是最好的载体。

有观点认为：空间能力应与计算能力、语言能力并列为现代教育赋予人的"三大基本能力"。与抽象能力不同，空间能力的培养越早越好。因此，在学前阶段和小学阶段培养孩子的空间思维能力，显得越来越重要。好在，从拼图到拼插类积木，孩子们锻炼空间思维的道具前所未有的丰富。小小七巧板可以怎么玩？立方体的旋转和展开有多少种不同的方式？用6根火柴怎么拼出4个正三角形？《三体》中所说的降维打击和四维空间到底是怎么回事？这些问题都能很好地训练孩子的空间思维能力。

五　几何与空间思维

用 6 根火柴如何拼出 4 个正三角形

> 横看成岭侧成峰，远近高低各不同。
> ——苏轼《题西林壁》

引子

问题 1 在土地上种 4 棵树，要求每两棵树之间的距离都是相等的，请问怎么种？

问题 2 请用 6 根火柴拼出 4 个等边三角形。

面对上面两个问题，也许你在纸上画了一个又一个的几何图形，然而最后都失败了，因为你的思维被禁锢了。

这些问题的解题诀窍在于：不要局限于二维平面，我们生活在三维空间！

在土地上种树，不一定选平面的土地，我们可以找一个山坡，并做适当修理，在山顶上种一棵树，在山脚下种 3 棵，构成一个正四面体即可。同样，用 6 根火柴搭一个正四面体即可拼出 4 个等边三角形。

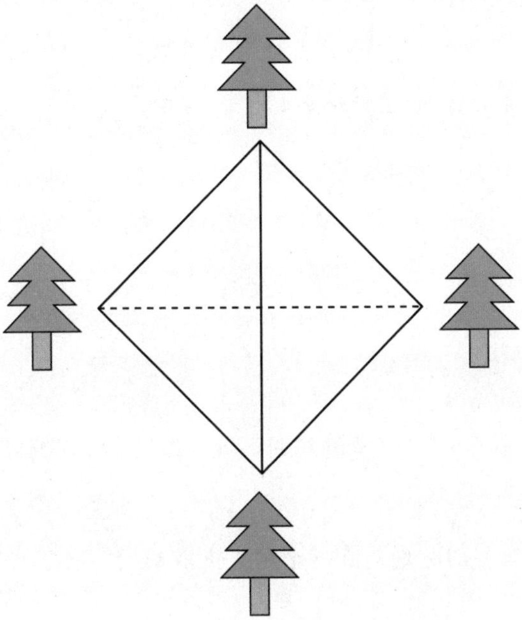

有一次去重庆，我在洪崖洞附近用百度地图搜目的地，地图上显示，目的地与我的直线距离仅100米。按照惯例，我果断步行。但是，我忘了重庆是座山城，我在山下，目的地在山上，落差有50米以上。结果100米的直线距离整整花了我20多分钟！

小学生的空间能力题

昍上三年级的时候，有一次我检查他的试卷，发现整张卷子都是测试孩子空间思维或立体思维能力的。但遗憾的是，昍错了一大片，显然，他还欠缺空间思维能力。

原题如下：

1.有一个正方体，六个面上分别写着数：1，2，3，4，5，6，有3个人从不同角度去观察，结果如下图所示，这个正方体相对两个面上的数各是多少？填一填。

1 的对面是（　　）　　2 的对面是（　　）　　3 的对面是（　　）

2.右面的四幅图分别是在哪个位置上看到的？把答案填在括号里。

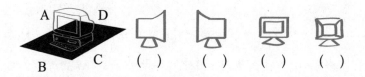

（　）　　（　）　　（　）　　（　）

3.右面的汽车形状是小芳站在汽车的哪一面看到的？把答案填在括号里。

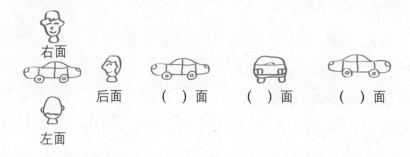

（　）面　　（　）面　　（　）面

106

其实，这些题都是考查学生对物体空间关系的理解。理解空间关系是建立空间思维的第一步。

对于类似第 2、3 小题的题，我的办法是让孩子站在某个角度，伸出左手和右手，观察从该角度看到的左边是什么，右边是什么。例如第 2 题，站在 C 的位置，看到的左边是靠电脑屏幕一端，右边是靠电脑后面一端。这个方法可以解决这类考查前后左右关系的问题。

第 1 题的立方体问题，本来也不难理解，我用"旋转 + 逻辑推理"的方法给孩子讲解，大致思路如下：

首先，固定一个观察角度（这个很重要，如果任由观察角度变化，最终会把自己搞糊涂），例如观察最左边那张图的角度，记为 A。

其次，将其他观察角度的视图转变成固定观察角度的视图。中间的视图显然是站在另一个角度观察到的。可以先把正方体沿着上下轴旋转 90°，使得 1 朝前，但此时 2 处于上面，显然与观察角度 A 不同。但为了保证 1 在正面（即固定观察角度 A），只能将正方体再沿着前后轴旋转。由于与 1 相邻的面有 4 个，而 4 和 6 已经固定位置，因此只能沿着前后轴向左旋转 90°。

最后就是根据数字填写结果了。

在这个问题里，由于预先告诉了正方体这个面上的数字就是 1 ~ 6，因此，最后一幅图其实是多余的。但如果没有预先告诉你所有的数字集合，那么，还需要通过最后一个视图来标记剩下一个立方体的面。

但是，我用这种方法给阳讲了两遍，他还是不太理解。"纸上得来终觉浅，绝知此事要躬行。"于是我又动手给他演示。

第一步：先用白纸做一个正方体。对于二年级的孩子，这个过程本身也很有意思：一方面可以了解正方体展开后是什么样子；另一方面，从一张白纸开始，不用度量工具（除了三等分边）构造出正方体也是个有趣的体验过程。

第二步：根据题目中最左边的图，标上 1、4、6。

第三步：根据题目里中间的图，标上 1、2、3（实际上这一步可能需要做几次尝试），最后标上 5。

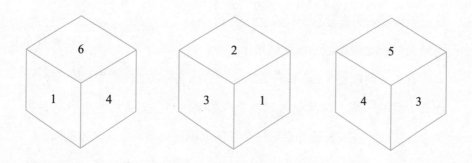

空间思维的重要性

美国国家科学研究委员会（United States National Research Council）的一份报告中指出："空间素养在当今信息经济中发挥着越来越重要的作用。"美国心理学家将空间能力、计算能力、语言能力并列为现代教育应当赋予人的"三大基本能力"。而空间能力的培养越早越好。因此，在学前阶段和小学阶段培养孩子的空间思维能力，显得越来越重要。立体几何是锻炼空间能力的好工具，但在学校教育中开设的时间太晚了。

美国科学家的研究表明：空间素养高的学生，在工程、计算机科学和数学领域能很快崭露头角；空间素养也是学习地理和环境科学必须具备的素质。

其实，有不少东西都是跃出平面、伸向空间的结果。大到道路工程中的立交桥，小到电子王国中的"格列佛小人"——集成电路，都需要在立体空间中进行作业。

怎么培养孩子的空间思维呢？从旧的成长过程中，我发现很多拼插类积木，如乐高，对孩子的空间思维能力培养比较有效。

我出生于鱼米之乡——江苏常州，在养鱼家庭中长大。我发现用养鱼技术的发展也能很好地诠释空间思维。

零维即点思维：养鱼时并不考虑某个水域线、面、体的利用，在整个水域里杂乱地养一群鱼。

一维即线思维：当地村民普遍采用的一种做法就是根据各种鱼类活动的习性分层养鱼。常用的做法是在不同的水层分别饲养 3 种不同的鱼类。例如，最上层养鲢鱼，中层是草鱼，最下层是鲫鱼。这种方法本质上是把水域看成垂直方向的一维空间。

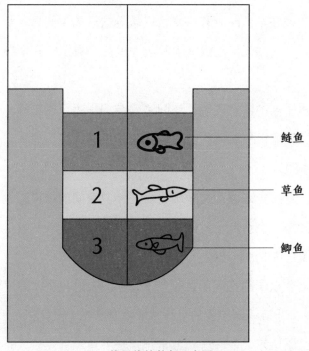

一维思维的养鱼示意图

　　二维即平面思维。在下页图中，Y、Z 可以看作思维的实轴，而把 X 看作思维的虚轴。这时不同的水面、不同的层次平面，可以饲养不同的鱼种。

黑鱼是肉食动物，如果与其他鱼混养在一起，小鱼就会失去生存空间。我 10 岁时曾建议父亲用一张大网把一片水面垂直隔开，一边养黑鱼和一些大鲢鱼，另一边养小鱼（作为黑鱼的食物）和非肉食性大鱼。每天定点在黑鱼那侧喂小鱼喜欢吃的食物，这样，小鱼就会穿过渔网跑到黑鱼那侧觅食，此时黑鱼可以围猎小鱼。逃生的小鱼吃完食物后，会尝试回到自己的一侧，避免黑鱼的捕猎。可惜父亲当时并未采纳这个带有二维思维的建议。

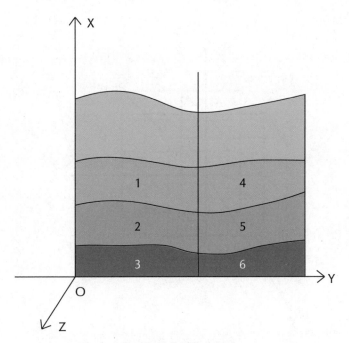

二维思维的养鱼示意图

三维即立体思维。此时，人工养殖场中的 X、Y、Z 均可以看成思维的实轴，在水域各个立体的方位，可以养殖不同的鱼类。这就是现在流行的网箱养鱼。相比于其他养鱼技术，网箱养鱼更高产。原因是多方面的，比如，鱼养在网箱内，活动量减少，有利于长肉（怪不得吃到的鲶鱼肉那么肥）；可以有效防止敌害鱼类和水生动物的侵袭，提高成活率；根据不同鱼类配制不同的饲料，有利于精养高产和鱼病防治；便于管理，易于捕捞。但最本质的原因在于它有效利用了空间，并对空间进行了合理的规划。

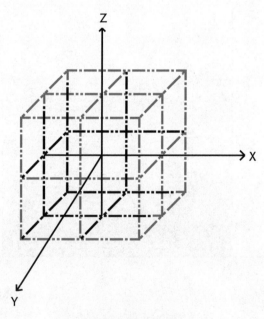

立体思维的养鱼示意图

　　说完三维养鱼，最后给大家留个问题，怎么四维养鱼呢？

小学生也能读懂的"维度"

> 我们要仰望星辰，而不是始终盯着自己的脚！
>
> ——霍金

引子

2018 年 3 月 14 日，当代伟大的理论物理学家霍金辞世。我们不知道，对于一位对宇宙奥秘有深入研究的物理学家而言，死亡意味着什么。或许，他只是去了另一个维度的空间？

有一段时间，我和旸都痴迷于刘慈欣的《三体》。书中多处出现了不同维度的空间。三体人在研究智子过程中所做的多维展开实验，"蓝色空间号"的船员从翘曲点进入四维空间。最让我感到脊背阵阵发凉的，是太阳系被毁灭所遭受的降维打击：宇宙中的低熵体歌者，边唱歌边拿起了一片二向箔，随手掷向了太阳系，把后者从三维压扁成一张巨型的二维相片。

且不论这些科幻场景的真实性如何，它真真切切地引发了我们对维度的思考。维度是什么？当三年级的旸一开始把这个问题抛给我的时候，我真的不知道该如何答复。

从数学的角度来看，维度就是维数，维度之间相互正交。笛卡尔的坐标系理论可以适用于任意多的维数。但对于我们所生活的物理世界，维度是一个有趣而深奥的概念。

维度与房子

在能找到的公开资料中，最常用的可以给小孩子解释空间维度的方法是：

● 一只在线上行走的蚂蚁只能前后移动，因此，我们把直线或曲线叫作一维空间；

● 一只扁虫可以在平面上前后左右移动，因此，我们把平面或曲面叫作二维空间；

● 一只鸟可以在我们的空间上下前后左右移动，因此，我们的空间是三维空间。

这仅仅是维度的冰山一角。我跟旺探讨维度的时候用了一个自认为还算生动形象的例子：不同维度空间的人和房子。

三维空间的房子，有面积，有楼层。一个人生活在房子里，关上门窗，外面的人就进不来，房子就是你的私人空间。

二维空间的房子长什么样呢？没错，就是一个封闭的图形，比如一个五边形。二维空间的人也是一个平面图形。你可以在这个封闭的房子上开一个口作为门或窗。一个生活在二维空间的人，躲在这个房子里，外面的人就无法看到你，只能看到这个房子（也就是图形）的轮廓——一条线（见下页的示意图）。

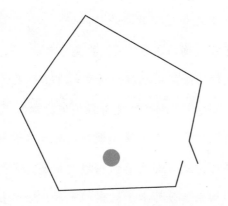

再退一步，一维空间的房子呢？或许你已经想到了，就是一条线段。一维空间的人同样也是一个点或一条线段。在一维空间里，你躲在线段里就彻底安全了。线段的两个端点保证屋子外面的人窥探不到你。他们在外面能看到的这个房子也只是一个点。

所以，如果比谁家的房子更豪华，在三维空间我们要比房子的占地面积和楼层数，在二维空间比的则是圈地面积，而到了一维空间就只剩比长度了。

平面国

英国著名神学家和小说家埃德温·艾伯特写了一本科幻小说叫《平面国》，书中开头的几段话，很好地诠释了二维和三维的区别。

设想有一张巨大的纸，上面满是直线、三角形、正方形、五边形、六边形及其他各种图形。这些图形并不是在某处停留不动，而是在平面周围、平面上或里面自由移动，但无力跳出这个平面，也无法沉下去。就像影子，那些实在并且带着亮边的影子。这样，你就会对我的国家和人民有一个非常正确的印象。嘿！要是几年前，我会说"我们的宇宙"，但是现在我的思维得以拓展，对事物有了更深的认识。

在这样的国家，你会立刻认识到不可能存在任何你称为"立方体"的东西。但我敢说，你会认为我们至少凭视觉能区分这些图形——我说过的不停地移动的三角形、正方形及其他图形。相反，我们什么也看不到，更不用说把图形相互区分开来。对我们来说，除了直线，没有什么可见的事物。下面，我将迅速地展示为什么会这样。

把一个便士放在你们空间国的一张桌子中央，然后贴身上去盯着看。不久，会出现一个圆。现在，回到桌边，并逐渐放低你的目光（这样可以让你更加接近平面国居民的生活状态），你会发现这个便士在你视线里慢慢变成椭圆形；最后，当你的目光与桌边恰好处于同一平面时（这时，你仿佛真的成为一个平面国人），这个便士看起来不再像个椭圆了，你看见的是一条直线。

维度穿越

高维空间对低维空间具有决定性的优势。电影《星际穿越》的最后，处于高维空间的男主人公通过维度空间的敲击向低维空间的女儿传递信息，从而拯救了地球。

想象一个在二维空间中躲在房子里的二维人。假设房子的墙壁坚不可摧（我想，在二维空间里应该就是让五边形的边变得更粗），那这个二维人在晚上可以踏实睡觉。可是，突然有个二维小偷获得了穿越到三维空间的能力。此时，这个二维人的房子就形同虚设了。因为小偷可以轻而易举地通过三维空间进入房间取走想要的东西，而不留下任何痕迹。

　　同样，生活在一维空间的人，永远也无法超越前面的人。而他如果突然有了进入二维空间的能力，那么就可以很轻易地从二维空间弯道超越前面的人（如下图所示）。

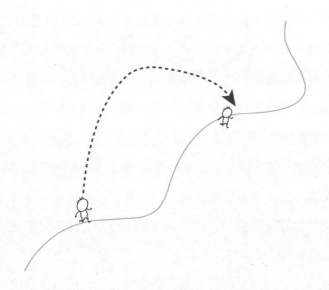

　　回到我们生活的三维空间。用钢筋、混凝土建好房子，装好层层防盗门、防盗窗，我们自以为可以高枕无忧了。而这些对于一个拥有四维空间穿越能力的人来说就形同虚设，因为他可以从另一个维度轻而易举地进出房子而不被察觉。

远在天涯，近在咫尺

　　远在天涯？那只是你的维度不够。维度可以重新定义距离，让远在天涯变成近在咫尺！

两个在一维空间中的人只能沿一维的直线或曲线移动，因此两个人之间的距离就是线拉直后的长度。但如果在二维空间中看，这两个人的距离就不一定是线的长度。如果我们把这条线在二维空间中加以折叠，那么线头和线尾的两个人虽然在一维空间里如同远在天涯，但在二维空间里却可以离得很近。

　　同样，如果将三维空间折叠或弯曲，那么二维空间里的"远在天涯"在三维空间就可能变成"近在咫尺"。一个很好的例子是地球。地球的表面可以看成一个二维球面。从上海到纽约，需要绕着地球的表面行走。如果我们可以直接从地心穿越过去（也就是三维空间），那距离就缩短许多。

　　再来想象一下三维空间。从地球到 10 万光年以外的星球，这对目前的人类来说是无法逾越的距离。如果能把三维空间折叠或弯曲来缩短低维空间的距离呢？那么在三维空间中看似无法跨越的距离，就可以通过四维空间实现穿越。

　　再进一步，如果空间可以被拉伸呢？比如，一根由橡皮筋构成的一维空间，一张有弹性的膜形成的二维空间。橡皮筋可以处于自然状态和拉伸状态。一个一维空间的人怎么知道他的空间是处于自然状态还是被拉伸的状态？如果一维空间是被拉伸的，那么回到自然状态时两个点之间的距离会缩短，反之则会增加。同样，三维空间也可能会存在自然、被挤压或被拉伸的状态，我们认为自己生活的三维空间是自然状态，但如果是被挤压或被拉伸的状态呢？当我们的三维空间状态发生变化时，距离是不是也要随之发生变化呢？

　　牛顿发现了万有引力，认为作用力是一种两个遥距物体的即时交互作用，一个物体可以即时影响间隔一段距离的其他物体的运动。而这种超距作用是怎么发生的？我在中学上经典物理课时，没有人对此提出质疑。

黎曼是一个天才数学家，他推翻了牛顿的超距作用原则，他认为作用力源于几何学，作用力只是由于几何结构扭曲所造成的必然现象。黎曼以多维空间理论简化了所有自然作用力，认为电力与磁力、重力一样，只是高维度空间弯曲产生的结果，为爱因斯坦等物理学家的理论奠定了基础。

维度与大一统

在过去的 100 年里，从爱因斯坦开始，物理学家们都在孜孜不倦地寻找能够统合所有作用力的"万有理论"，他们后来发现，在低维度无法统一的力学，在高维度可以有完美的统一描述。

维度，真的是一个既简单又高深莫测的概念。

七巧板中的数学

如果谁不知道正方形的对角线和边是不可通约的量，那他就不值得人的称号。

——柏拉图

生活中数学无处不在，但有些时候我们的解题技巧却脱离了生活实际。以著名的"鸡兔同笼"问题为例，我在给孩子讲这个问题时，他不解地问道："鸡头和兔头不一样，直接数一下有多少只鸡和兔子不就行了吗？"确实，生活中有谁会用"鸡兔同笼"的算法来算鸡和兔的数量呢？

不过，古往今来，人们在生活中发明了很多好玩的益智玩具，只要好好利用起来，也可以像"鸡兔同笼"问题一样训练孩子的数学思维。

DIY 七巧板

七巧板是儿童必备的益智玩具，是我国古代劳动人民的发明，明清时期在民间广为流传。清《冷庐杂识》云："近又有七巧图，其式五，其数七，其变化之式多至千余。体物肖形，随手变幻。"

几年前，旸突然想玩七巧板。可是家里没有，我们只能动手做一个。DIY 七巧板不是那么简单的任务，需要一点数学知识的帮助。我们的任务是：如何用一张 A4 纸裁剪出七巧板呢？

孩子的第一反应是用直尺量，但这属于工程的做法。我附加了一个条件：只能用折叠和裁剪的方式，不能用直尺量（有点儿尺规作图的感觉）。虽然这个问题对于孩子来说有些复杂，但是他通过思考实践，可以让思维方式得到很好的锻炼，特别是理解数学的严谨性。下图是我们剪裁的基本步骤。

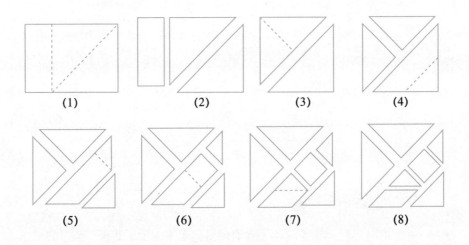

(1)　　　　　(2)　　　　　(3)　　　　　(4)

(5)　　　　　(6)　　　　　(7)　　　　　(8)

在裁剪过程中，最难的是第4步，即把一个等腰三角形沿着中位线折叠。孩子在尝试这一步的时候，出现了多次如下图所示的随意折叠，完全缺乏数学应有的严谨。

精确地折叠需要一定的诀窍。如下图所示的三角形，可以先标出 BC 的中点 D，然后将 A 点和 D 点重合进行折叠，或者先分别折叠出 AB 和 AC 的中点 E、F，然后沿着 EF 折叠。这一看似简单的操作，实则蕴含着对几何数量关系的理解。

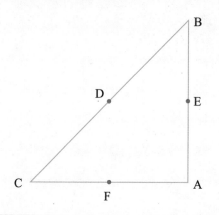

七巧板的形与数量关系

　　把纸折叠之后，涂上颜色，我们便得到了下图的七巧板。为了方便，我们用数字把每一块都编上号。

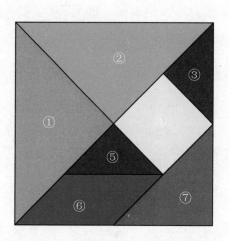

然后，引导孩子思考几个面积问题：

第①块是第③块的多少倍？

第④块是第③块的多少倍？

第④块和第⑥块哪个大？

第④块和第⑦块哪个大？

第⑥块和第⑦块哪个大？

第①块和第④块哪个大？

整个七巧板的正方形是第④块正方形的多少倍？

对于一个没有学过面积计算的孩子来说，他的第一反应是拿着两个图形去比对。如第 2 个问题，孩子很容易将两个三角形拼成一个正方形，因此得出第④块是第③块的 2 倍这一结论。但对于第 5 个问题，直接比较第⑥块和第⑦块两个图形就不再奏效。旭拿着两块着实比较了好一会儿，仍然无果。

偶然一个机会，他发现⑦可以由③和⑤拼成，而⑥同样也可以由③和⑤拼成，这就得出了第⑥块和第⑦块同样大的结论。这是一个转折点，以此为基础，他发现七巧板中的任何一块，都可以由若干个第③块（最小的单元）组成，进而可以据此计算各块之间的数量关系。

好！到达最后一题，整个正方形是第④块正方形的多少倍？按照上面的方法，将每一块都表示为若干个第③块的组合，就得到下面的推导：

$$① = ② = 4 \times ③$$

$$④ = ⑥ = ⑦ = 2 \times ③$$

$$⑤ = ③$$

因此，整个正方形的面积为 $16 \times ③$，而正方形④的面积为 $2 \times ③$，从而大正方形的面积是第④个正方形的 8 倍。

事实上，这一做法蕴含着可公度的原始思想，即把两个不同的图形用一个更小的图形来度量。

七巧板与第一次数学危机

至此，我们对七巧板面积问题的讨论基本结束。高年级学过有理数且善于观察的学生，会提出这样的问题：如果一个大正方形的面积是一个小正方形的 8 倍，那么大正方形的边长是小正方形边长的几倍呢？

类似这一看起来平常的问题，曾在公元前 5 世纪的希腊引发了数学领域的巨震，并引发历史上第一次数学危机。毕达哥拉斯是古希腊的大数学家，缔造了一个政治、学术、宗教三位一体的神秘主义派别——毕达哥拉斯学派。由毕达哥拉斯提出的著名命题"万物皆数"是该学派的哲学基石：数的元素就是万物的元素，世界是由数组成的，世界上的一切没有不可以用数来表示的，数本身就是世界的秩序。而"一切数均可表示成整数或整数之比"则是这一学派的数学信仰。

但是，毕达哥拉斯学派中的希伯索斯[①]发现，一个正方形的对角线与其一边的长度是不可公度的（即若正方形的边长为 1，则对角线的长

---

① 希伯索斯：古希腊数学家，毕达哥拉斯的弟子。

不是一个有理数）。

如果回到那个年代，我们就会发现这个现在看来理所当然的结果在当时有多么石破天惊！事实上，如果现在的小学生善于思考，也会有这一发现。所以，不要小看生活中的数学，影响数学发展历史的契机或许就隐藏在其中。

证明正方形对角线与边长之比非有理数其实很简单，这是一道集反证法、互素和奇偶性于一体的绝佳练习题。假定对角线 c 与边长 a 之比 $\dfrac{c}{a} = \dfrac{p}{q}$ 为有理数（其中，p、q 互素），那么，根据勾股定理：$c^2 = a^2 + a^2 = 2a^2$，将 $\dfrac{c}{a} = \dfrac{p}{q}$ 代入后得：$p^2 = 2q^2$。由此可得 p 为偶数，设 p = 2t（t 为自然数），则 $p^2 = 4t^2 = 2q^2$，可得 $q^2 = 2t^2$，从而 q 亦为偶数。这与假设 p、q 互素矛盾。

这一不可公度的发现使毕达哥拉斯学派的领导人十分惶恐，他认为这将动摇他们在学术界的统治地位，于是极力封锁该真理的流传。希伯索斯被迫流亡他乡，不幸的是，他在一条海船上遇到两个毕氏门徒，被他们残忍地杀害。

与哥白尼的"日心说"类似，科学史上很多真理的发现常常充满悲剧色彩。希伯索斯的发现，第一次向人们揭示了有理数系的缺陷，证明了它不能同连续的无限直线等同看待，有理数并没有布满数轴上的点，在数轴上存在着不能用有理数表示的"孔隙"。"不可公度量"的发现与"芝诺悖论"一同被称为数学史上的第一次数学危机，对以后的数学发展产生了深远的影响，促使人们从依靠直觉、经验而转向依靠证明，并且推动了几何学公理和逻辑学的发展。

小小的立方体，竟有这么多的学问

上帝总在使世界几何化。
——柏拉图

生活中我们经常和立方体打交道，比如孩子们经常玩的魔方，可以说是日常生活中最常见的一种空间几何形状了。但立方体中的学问，你真的都懂吗？

相对面和相邻面

先看一个小学数学练习中经常会出现的问题：

一个正方体的 6 个面分别涂上"红""黄""白""黑""蓝""绿" 6 种颜色，根据下列摆放的 3 种情况，哪两种颜色是相对面？

首先我们要有下面最基本的常识：正方体中每个面都有 4 个相邻

面和一个相对面。然后，通过逻辑推理的方式可以得出结果。

比如看绿色的面，分别与黑、蓝、红、白相邻，因此相对面就是黄色。再看蓝色，相邻的有黑、绿、黄、白，剩下的红色就是它的相对面。既然绿与黄、蓝与红分别相对，那么剩下的白与黑就相对。

而如果一开始看黑色，那么只看出绿、蓝与其相邻，得不出结论。因此，总结一下这种做法：

- 先找到出现次数最多的面；
- 确定其相邻面；
- 然后推导出其相对面。

有了上面的基础，不妨做一做下面的练习：

一个正方体的 6 个面分别涂上"红""黄""白""黑""蓝""绿" 6 种颜色，把这样相同的 4 个正方体拼成一个长方体，你能找出 3 组相对面吗？

正方体的展开图

我记得小学的时候，学校有个任务是让孩子自己制作一个包装盒。

这实际上涉及了长方体或正方体的展开图。在制作之余，可以让孩子剪一下，看看立方体剪开后的展开图到底有哪些。

　　并非 6 个正方形面的随意平铺组合都可以折叠成一个正方体。还是先从一个小小的问题开始：

下列图形中，可以作为一个正方体的展开图的是（　　）

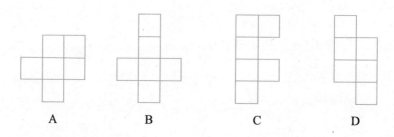

A　　　　　　B　　　　　　C　　　　　　D

　　一个正方体的顶点和 3 条棱相连，所以展开图中的一个顶点最多只和 3 条边相连，不可能出现"田"字格，由此 A、D 就排除了。而对于 C，最右边的两个正方形叠好后重叠了。因此，只有 B 是正确的展开图。

　　一个随之而来的问题是：

正方体有多少个不同构的展开图？

　　这个问题难度其实很高。网上有各种口诀记忆法，比如：中间四个面，上下各一面；中间三个面，一二隔河见；中间两个面，楼梯天天见；中间没有面，三三连一线。

　　口诀只是在理解后用于辅助记忆的，让孩子自己探索出所有的展开图才是最有意义的，但这需要非常强的有序思维和空间思维作为支撑。

怎么来思考这个问题，我们得有一个基本的出发点。用展开图中每一行正方形个数的最大值作为出发点是一个不错的选择，这其实是本书前文所介绍的有序思维的一种实践。

不难看出，展开图中处于同一行的正方形个数最大是 4。

（1）6 = 1 + 4 + 1（表示第一行是 1 个，第二行是 4 个，第三行是 1 个）

那么第一行的正方形位于最左边，第三行的正方形可以分别位于第三行的 4 个位置（见下图 a、b、c、d）。

而如果第一行的正方形位于从左至右的第二个位置，那么第三行的正方形可以位于从左至右的第二个和第三个位置（见下图 e、f）。有人会问，为什么第三行的正方形不能位于最左边和最后边的位置？因为这两种情况通过翻转就得到 b 和 c。

第一行的正方形如果位于从左至右的第三、四个位置呢？那把这个展开图在水平方向翻转，就等同于第一行的正方形位于从左至右的第一、二个位置了，因此也不用再考虑。

因此，1 + 4 + 1 型一共就只有下面图中的 6 种情况。

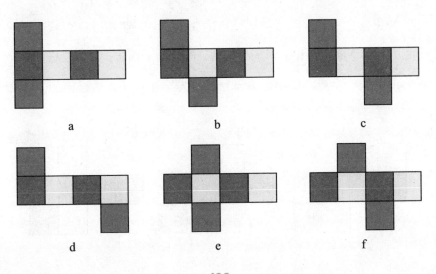

a　　　　　　　b　　　　　　　c

d　　　　　　　e　　　　　　　f

（2）6 = 2 + 4（表示第一行是 2 个，第二行是 4 个）

容易发现，这种情况折叠后上面的两个正方形会重叠在一起，无法构成正方体展开图。

（3）6 = 1 + 1 + 4

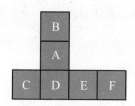

由于第三行的 4 个正方形正好围成正方体的腰，第二行的正方形正好盖上，第一行的正方形则一定和腰上的某个重叠（比如上图中 B 和 F 重叠），无法围成正方体。

如果一行的正方形数量最多是 3 个，那么：

（4）6 = 1 + 3 + 2

首先，展开图不能有田字格。因此第三行的两个正方形只有两种情况：一种是连在一起（但偏在一边），另一种是不连在一起。

如果连在一起，那么中间一行的 3 个正方形要围成一个腰还差一个正方形。下面两个正方形一个为底，一个向上翻转，与第二行的 3 个正方形围成一个腰，最后，第一行的正方形盖盖子。这样得到了下面的 3 个展开图。

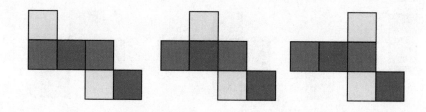

130

如果不连在一起，如下面这样，那么第三行的两个正方形就重叠了。也就是说，展开图不能出现下面的 BCDEF 构成的"门"字形。

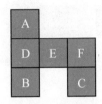

(5) 6 = 1 + 2 + 3

这种情况也是不行的，折叠后 A 和 F 重叠。

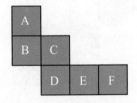

(6) 6 = 2 + 1 + 3

这种情况也是不行的，有兴趣的可以研究一下折叠过程中哪两个面会重叠在一起。

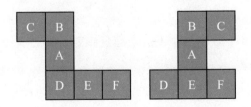

（7）$6 = 3 + 3$

由于不能有田字格，又不能有"门"字形，因此只有下面这一种情况。

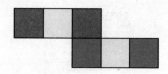

最后，一行最多有两个正方形。

（8）$6 = 2 + 2 + 2$

由于不能有田字格，因此只能有下面这一种。

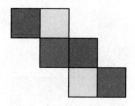

通过上面的分析，可以看出正方体不同构的展开图总共有 11 种。

展开图的相对面

正方体的相对面在展开图中分别位于什么位置？这也是一个有趣的问题。

对于 $1 + 4 + 1$ 型，两个 1 的面必定相对，一行 4 个正方形中间隔的两个面也相对，如下图所示（相对面颜色相同）。

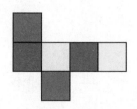

对于 1 + 3 + 2 型，相对面如下图所示。第二行 3 个正方形间隔的两个紫色的面相对，第一行的正方形和第三行左边的正方形，即两个黄色的面（分别是正方体的盖和底）也相对，剩下的两个红色面相对。

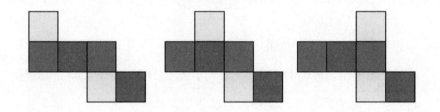

对于 3 + 3 型，每一行间隔的两个正方形相对，第一行中间的正方形和第二行中间的正方形也是两两相对。

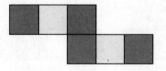

对于 2 + 2 + 2 型，相对面如下图所示。

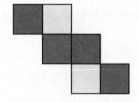

总结一下，可以发现两个规律：

● 直线型的展开图，间隔的正方形是相对面；
● 下面这种 Z 字形状的展开图，Z 的起始和结束处的两个正方形 A、D 相对。

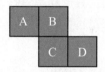

相对面可以用于分析某个展开图是不是一个正确的展开图。比如下面两个图形中，左边 D 和 B、F 相对，右边 D 和 A、F 相对，都违反了正方体的每个面只有一个相对面的常识。所以，这两个图都不是正确的展开图。

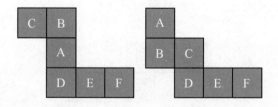

正方体的旋转

我发现，在美国数学大联盟的小学阶段题库中，有类似下面这种专门用于考查孩子空间思维的题目：

Examine the changes in position of the first three cubes. Decide how the cube is rotating. Mark the last cube as it should look to continue the rotation sequence.

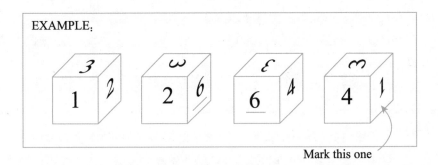

Mark this one

　　翻译过来就是：观察前 3 个立方体的旋转变化，确定立方体的旋转方式，在最后一个立方体标上合适的数字。

　　这个问题涉及正方体的旋转，仅仅填写数字是不够的，还需要确定数字的方向。旋转可以沿着 3 根轴（上下、前后、左右）做顺时针、逆时针旋转。因此一共有 6 种不同的旋转方法：

　　（1）沿上下轴顺时针旋转；

　　（2）沿上下轴逆时针旋转；

　　（3）沿前后轴顺时针旋转；

　　（4）沿前后轴逆时针旋转；

　　（5）沿左右轴顺时针旋转；

　　（6）沿左右轴逆时针旋转；

比如，在上面的例子中，立方体是沿着上下轴做顺时针旋转。

有了上面的基础，做下面这样类似的问题就不会有困难了。

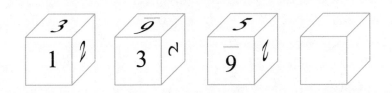

最后，留一个小问题，有兴趣的读者可以思考一下（答案和解题思路可在作者公众号“昍爸说数学与计算思维”中获取）：

下图（1）是一个正方体的展开图，图（2）的4个正方体中只有一个是和这个展开图对应的，这个正方体是 ______。

图（1）

①　②　③　④

图（2）

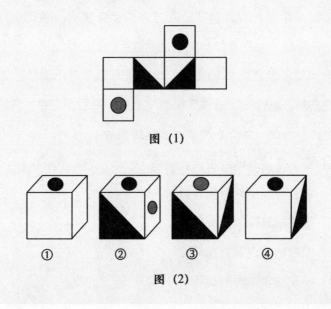

时差与进制

在数学的领域中，提出问题的艺术比解答问题的艺术更为重要。

——康托尔

相信很多小朋友都熟悉酒店大堂，墙壁上挂满了世界各地的时钟。这些时钟显示的是目前世界各个城市的当地时间。

为什么各地的时间不一样呢？如果整个世界都用同一个时间，大家不是不会混淆吗？但问题是地球是圆的，每个地方看到太阳升起的时间不一样，大家都习惯于将太阳升起的时刻作为早上五六点的样子，把太阳落山的时刻作为傍晚六七点的样子，而把 12 点作为中午。

由于地球的自转，使得地球的每个地方都经历白天与黑夜的交替。地球球面上相对的两个地方，一个在白天的时候，另一个则在黑夜。

2015 年，我在美国洛杉矶访学，前几个月阳并未随行，于是我们每天得选择合适的时间通电话。时差问题随之来了：如果阳在北京时间晚上 8 点给我打电话，我会不会在呼呼大睡呢（比如是洛杉矶时间的凌晨）？

1884 年，国际经度会议在华盛顿召开时规定，将全球划分为如下图所示的 24 个时区（由于地球自转一圈是 24 小时，因此相邻的时区看到日出的时间相差 1 小时）。

其中，北京在东八区，而洛杉矶在西八区，因此北京要比洛杉矶早 16 小时看到日出。但是洛杉矶在夏季实行夏令时，将时钟调早 1 小时，而中国则在 1992 年停止使用夏令时（我依稀记得当年使用夏令时的混乱），因而夏季北京时间仅比洛杉矶时间早 15 小时。夏天的北京时间 20 点对应了洛杉矶时间的早上 5 点。

所以，非周末时，我只能委屈一下自己，每天四五点定时开灯跟昍视频聊天。而如果是周末，昍就可以选择早上跟我通话了。比如，六一儿童节早上 9 点，减去 15 小时，就是洛杉矶时间的 5 月 31 日晚上 18 点，这个时间点很适合通话。

而如果是非夏令时时间，则北京时间要比洛杉矶时间早 16 小时。比如冬天，洛杉矶时间中午 12 点时，北京时间则是第二天凌晨 4 点（在洛杉矶时间基础上加 16 小时）。

洛杉矶夏令时时间与北京时间24小时时差对照表

夏令时开始时间： 2015-3-8 2:00:00 **夏令时结束时间：** 2015-11-1 2:00:00

北京时间	0	1	2	3	4	5	6	7	8	9	10	11	12	13	14	15	16	17	18	19	20	21	22	23
洛杉矶夏令时时间	9	10	11	12	13	14	15	16	17	18	19	20	21	22	23	0	1	2	3	4	5	6	7	8

洛杉矶时间与北京时间24小时时差对照表

北京时间	0	1	2	3	4	5	6	7	8	9	10	11	12	13	14	15	16	17	18	19	20	21	22	23
洛杉矶时间	8	9	10	11	12	13	14	15	16	17	18	19	20	21	22	23	0	1	2	3	4	5	6	7

昍还记得 2015 年 2 月 2 日我们一起从上海飞洛杉矶的一幕，上海的起飞时间是北京时间 13∶35，飞行时间约 12 小时 30 分，那么降落到洛杉矶时会是白天还是黑夜呢？

可以这么考虑：北京时间 13∶35 分，经过 12 小时 30 分的飞行，降落时是 13 时 35 分 ＋12 小时 30 分，为北京时间 2 月 3 日凌晨 2 点 5 分。由于 2 月为非夏令时，因此洛杉矶时间为北京时间减去 16 小时，即 2 月 2 日上午 10 点 5 分。

细心的朋友可能发现：咦，时间居然倒退回去了！太棒了，我的生命又多了一天！但问题是，如果反过来，从洛杉矶飞上海，你会沮丧地发现你的时间看上去在加速消逝！

很多人都习惯了十进制，但我们的生活中有许多事物并不是十进制，时间就是个很好的例子：60 秒为 1 分，60 分为 1 小时，24 小时为 1 天。这其中就涉及了 60 进制和 24 进制。如果再算上 7 天为 1 周，那么还有 7 进制呢。

实际上，除了划分时区，1884 年的国际经度会议还提出了一条"今天"和"昨天"的国际日期变更线。这条变更线位于太平洋中的 180° 经线上。这条线上的子夜，即地方时间零点，为日期的分界时间。当越过这条变更线时，日期要发生变化。例如，从东向西越过这条线时，日期要增加一天；反之，日期要减去一天。当然，为了避免在一个国家中同时存在两种日期，实际的日期变更线并非完全南北笔直的，它是一条折线，以避免日期变更线穿过任何国家。

所以，如果想让你的生日过得更久，那么请在当日从西向东飞越日期分界线吧！

为了实现某一目标，应该具备什么前提条件？我们在学习与工作中经常会用这种逆向思维，从结果倒推原因。递归思维本质上也是一种逆向思维。为了解决大规模问题，建立大规模问题与小规模问题之间的关联，并将问题转化为解决更小规模的问题，通过一步步倒推，回到最简单的版本。孙膑和诸葛亮为什么都能成为伟大的军事家？报数游戏怎么才能确保获胜？汉诺塔游戏中的64个盘多久能搬完？本章通过这几个例子带你窥探逆向与递归思维的魔力。

六　逆向和递归思维

报数游戏

> 没有大胆的猜想，就做不出伟大的发现。
>
> ——牛顿

引子

昭读完《史记》中的《孙子吴起列传》后，对孙膑的印象深刻。短短几则故事，就可以看出孙膑特别善于逆向思维。

田忌赛马的故事家喻户晓。田忌如果和齐威王按同样的等级硬碰硬，那么田忌必定会三连败。既然这样一定会输，那何不换个思维？在孙膑的建议下，田忌以下等马对齐王的上等马，上等马对齐王的中等马，中等马对齐王的下等马，最终两胜一负，反败为胜。

围魏救赵是历史上一个著名的故事，也是三十六计中被大家所推崇的一种智慧，其提出者是孙膑。魏国攻打赵国，围了赵国国都邯郸，赵国向齐国求救。齐国派田忌为大将，孙膑为军师救赵。孙膑认为魏国精锐尽在赵国，如果直接奔赴邯郸与魏国硬碰硬，胜负未明，而且与魏国打硬仗并不是齐国的初衷。换个角度，既然魏国主力在赵国，那国内势必空虚，如果直奔魏国国都大梁，则魏必然回救，邯郸之围自解。

逆向思维在数学中尤为重要。很多时候，我们解题是从条件开始，其实也可以从结果开始，思考为了实现最后的目标需要什么条件支持。比如田忌为了赢得赛马，并不需要每次都胜，两胜一负足矣，基于此再来设计方案，问题就迎刃而解了。

《孙子吴起列传》中提到的另一个战例是马陵之战。孙膑素知三晋轻视齐国，于是因势利导，采用"减灶"的计谋迷惑庞涓，让庞涓更加坚信齐军胆怯。于是，庞涓愈发轻敌，决定舍弃步军，只率轻骑加速追击，日夜兼程，一直追到马陵，从而中了孙膑的圈套。

"马陵之战"是中国古代军事史上杰出的战役之一，其中"退兵减灶"更是孙膑用兵的一大计谋，为后人所称道。后来，《三国演义》中的诸葛亮在四出祁山大胜司马懿后，却因后主中了司马懿的反间计而只能遵诏退兵。退兵时，诸葛亮说："吾今退军，可分兵五路而退。今日先退此营，假如营内有一千兵，却掘二千灶，明日掘三千灶，后日掘四千灶；每日退军，添灶而行。"这一"增灶退兵"的做法令时任参军的杨仪不解。实际上，这就是从目标来倒推该采用哪种做法的逆向思维。诸葛亮知道，他和孙膑所处的环境不同、对手不同，目标也不同。因此，反其道行之，采用了增灶的做法，以增灶来吓唬谨小慎微且多疑的司马懿，使其不敢贸然追击。此处，中规中矩的杨仪更像学了套路但不会活学活用的学生。

报数游戏

报数游戏就是一个需要逆向思维才能获胜的数学小游戏，适合学过除法的三年级以上的孩子参与。典型的问题如下：

甲、乙两人从 1 开始轮流报数，甲先乙后，每人可以报 1 个或 2 个数，谁先报到 18 就算赢。试问，谁有必胜的策略？

　　几乎所有年级的学生都对该游戏乐此不疲。既然是游戏，那就通过游戏的方法来解决：选一男一女两个学生，让他们先思考好策略，然后开始比赛。由于先报和后报决定了游戏的胜负，可以通过石头剪刀布的方式来决定，以彰显公平。通常，其余的男生和女生都会自觉成为比赛选手的后援团，场面甚为热闹。

　　对于这一问题，大部分孩子通过几次试验都能发现：只要能报到 3 的倍数就能赢，因此，后报的人可以根据先报者报数的个数进行控制，如果先报的人报 1 个数，后报者就报 2 个数，如果先报者报 2 个数，后报者就报 1 个数，从而控制每个回合报的数总是 3 的倍数。

　　如果你以为小朋友们至此已经掌握了其中的奥妙，那就错了。把题目稍微改个数字：甲、乙两人从 1 开始轮流报数，甲先乙后，每人可以报 1 个或 2 个数，谁先报到 20 就算赢。试问，谁有必胜的策略？

　　继续说男女生的报数比赛，我把他们其中的一次报数过程在黑板上记录了下来：

男生：1

女生：2，3

男生：4，5

女生：6，7

男生：8，9

女生：10，11

男生：12，13

女生：14

男生：15，16

女生：17

男生：认输

实际上，可以通过逆向思维来思考这类问题。虽然没有办法控制别人报 1 个数还是 2 个数，但后面的人可以根据前一个人的报数控制每个回合报数的个数之和。例如，为了报到 20，则获胜者前一次应该报 17。这样，如果前一个人报 1 个数至 18，则他可以报 2 个数至 20；而如果前一个人报 2 个数至 19，则他可以报 1 个数至 20。也就是可以控制一个回合两个人报的数的个数加起来为 3。因此，17 是一个制胜点，再往前倒推，14，11，8，5，2 均为制胜点。因此第一个人如果要获胜，则应该首先报 2 个数，然后控制后面每个回合报数的个数之和为 3。

把整个过程记录下来，有助于让孩子在游戏结束后反思各自在游戏中所犯的错误。这种记录类似于计算机中的日志文件，是发现系统运行错误的入口。比如，上面的这次游戏过程中，双方各自都犯了多次错误。男生先报，本来可以直接报到制胜点 2，但他错过了；而女生并未抓住男生的失误，男生报 4、5 弥补了失误，占据了制胜点。但后面一个回合，男生又犯错误报到了 9，女生抓住机会，没有再犯错误。

再拓展一下这个问题：甲、乙两人从 1 开始轮流报数，甲先乙后，每个人可以报 1，2，3，4 或 5 个数，谁先报到 28 就算赢。那么，谁有必胜策略?

同样，这个问题可以控制的每个回合报数的个数之和为6。采用逆推法，制胜点为28，22，16，10，4，也就是先报的人报4个数至4，且后面每个回合都报到制胜点，则能确保获胜。

至此，这个问题就明朗了，它实际上是小学二年级带余数除法的一个直接应用。带余数除法大家都知道：

被除数 ÷ 除数 = 商……余数

上面的问题中，被除数即为需要报到的那个数，除数就是每个回合能控制的报数个数之和，商在这个问题中并不重要，代表了报数的回合数，余数则是第一次报数的制胜点。

因此，如果余数为0，即正好整除，表示先报者第一次要报0个数能确保获胜，但由于第一次不能不报，所以此时是后报的人获胜；而只要余数大于0，那么此时是先报的人获胜，制胜点即为那些除以除数后余数相同的数（对高年级学生，可以借此引入同余的概念）。

再进一步，如果设计一个游戏：甲、乙两人从1开始轮流报数，甲先报，每个人可以报1，2，……K个数，随机生成一个数S，谁最后报到S即获胜。那么一般来说，先报的人获胜概率要大于后报的人（仅当每个人只能报1个数时，两人的获胜概率相同），甲、乙获胜的概率之比即为K [当S被（K+1）整除时乙获胜，当S被（K+1）除余1，2，……K时甲获胜]。

继续将这一问题拓展开来：甲、乙两人从1开始轮流报数，甲先乙后，每个人可以报1，2，3，4或5个数，谁先报到28就算输。试问，谁有必胜策略?

一种方法是化归与转化，将未知问题通过变换转化为已知问题。但凡有道之士，贵以近知远，以今知古，以所见知所不见。化归与转化是一种最基本的思维策略，更是一种有效的数学思维方式。庄子曾言："吾生也有涯，而知也无涯。"虽然"以有涯随无涯"在庄子看来是不可能实现的，但化归与转化为我们提供了利用已知去认识未知的强有力工具。

回到上面的问题，既然报到 28 算输，那么为了获胜，一定要报到 27，将剩下的一个数留给对方，从而问题就转化为谁先报到 27 就算赢。

对于这个问题，孩子们还提出了另一种思考方法，即采用逆推法，给出了一组"倒霉数"：28，22，16，10，4。他们的想法是这样的，如果报到了 22，则对方可以报 5 个数 23，24，25，26，27，从而自己就输了，因此不能报到 22。同样，不能报到 16，10，4。但是，这构成一个必胜策略吗？

实际上，这一做法值得推敲。如果报到了 16 呢？并不意味着自己下一次也一定报"倒霉数"。只能说如果你报了 16，由于没有踩在制胜点上，对方可以通过控制，下一次直接报到制胜点 21，从而获胜。实际上，除了制胜点的 27，21，15，9，3，其他数字都可以视作"倒霉数"。不报 22，16，10，4 并没有错，但这并未构成一个确定的操作策略，还只停留在思考层面。

其实报数还有其他游戏，比如阳在暑假学图形化编程时，老师们留了一个报数问题：10 个人编号成 1，2，……10，围成一圈，从编号为 1 的人开始进行 1～7 的循环报数，报到 7 的人出圈，下一轮从出圈的人的下一个开始报数。如此反复，谁最后留下就获胜，问最后谁能获胜?

这是著名的约瑟夫环问题。在小学阶段,做做游戏可以,但用数学的方法求解已经超出了小学的范畴。

下面的问题也是使用逆向思维很好的例子,有兴趣的读者可以自行思考一下。

小明家在A地,学校在B地,图中的线条为可走的路(见下图)。现要求小明从家到学校走的最短路程,请问小明一共有多少种不同的走法?(答案和解题思路可在作者公众号"旭爸说数学与计算思维"中获取)

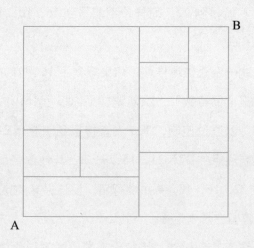

汉诺塔游戏

> 对我来说，研究数学就像呼吸一样自然。
>
> ——保罗·厄多斯

汉诺塔是一个游戏道具，很多孩子都喜欢玩。这个游戏对应的汉诺塔问题源自印度的一个古老传说。

传说在印度教圣地贝拿勒斯（在印度北部）的圣庙里，一块黄铜板上插着 3 根宝石针。

印度教的三大主神之一梵天在创造世界的时候，在其中一根针上从下到上穿好了由大到小的 64 片金片，这就是所谓的汉诺塔。不论白天黑夜，总有一个僧侣在按照下面的法则移动这些金片：一次只移动一片，不管在哪根针上，小片必须在大片上面。

僧侣们预言，当所有的金片都从梵天穿好的那根针上移到另外一根针上时，世界就将在一声霹雳中消灭，而梵塔、庙宇和众生也都将同归于尽。

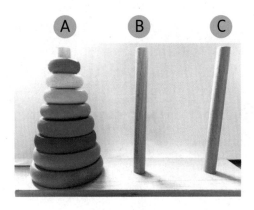

汉诺塔玩具

汉诺塔问题是一个经典递归问题，也是培养孩子递归思维的绝佳游戏。让孩子玩的时候，切莫告诉孩子攻略，而要给孩子充分的探索和思考空间。64 片金片太多，可以让小朋友们从更少的数量开始。

假设 3 根柱子是 A，B，C。

1 个盘片：需要移动 1 次

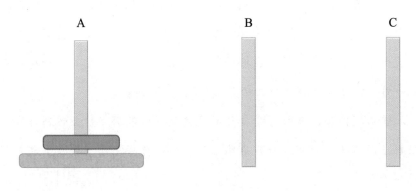

初始状态

2 个盘片：需要移动 3 次

操作是：初始状态同上。第一步把小盘片从 A 移到 B，第二步把大盘片从 A 移到 C，第三步把小盘片从 B 移到 C。

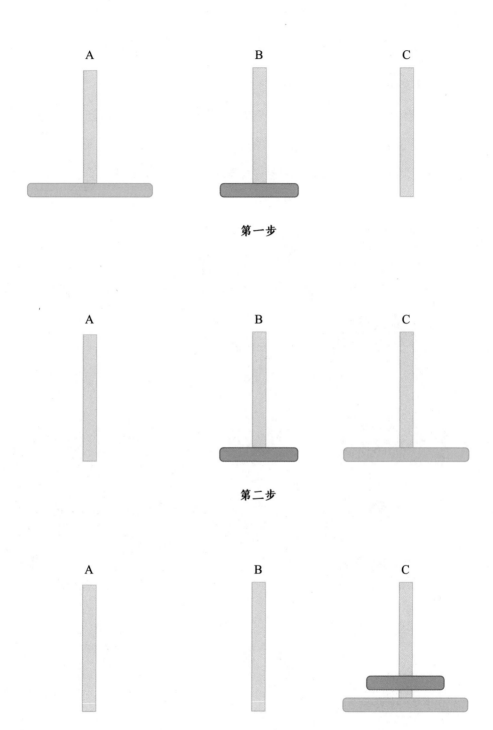

第一步

第二步

第三步

151

3个盘片：需要移动7次

具体操作是：第一、二、三步将上面的1、2号盘片搬到B号柱子（移动3次），第四步将最底下的3号盘片搬到C号柱子，第五、六、七步再将1、2号盘片从B号柱子搬到C号柱子（移动3次）。

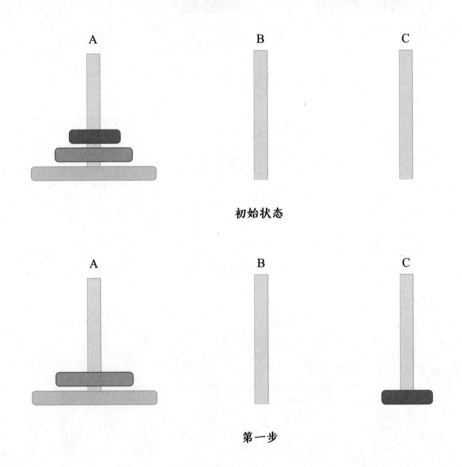

初始状态

第一步

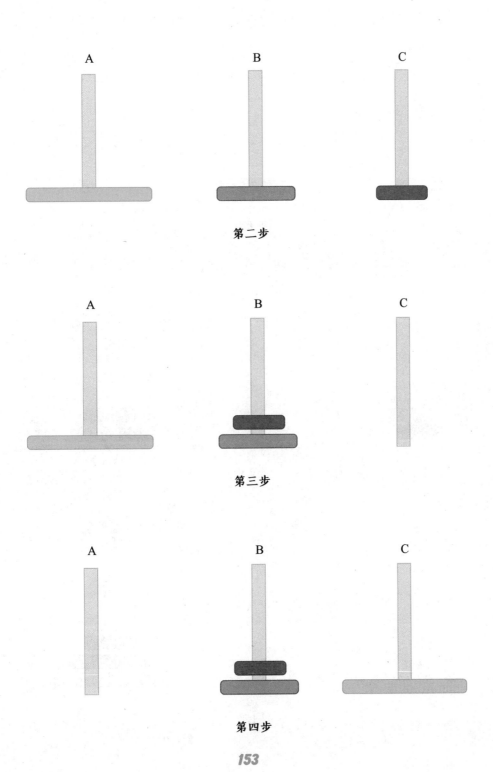

第二步

第三步

第四步

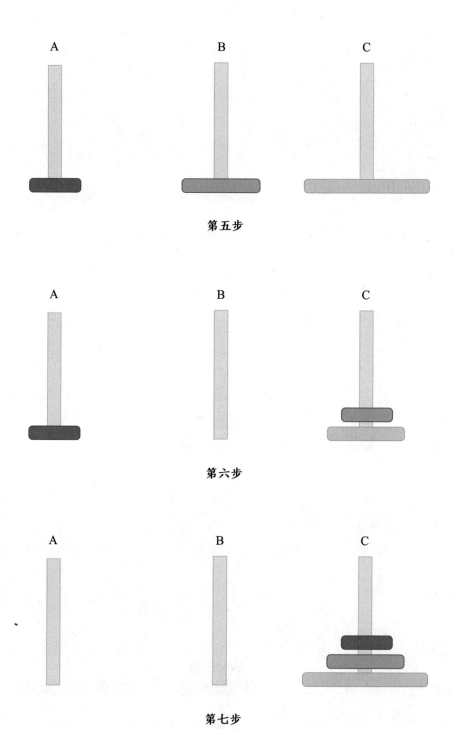

第五步

第六步

第七步

此时，实际上已经发现了相同结构的但规模更小的问题。也就是为了移动 3 个盘片，可以利用之前移动 2 个盘片的结果。

在此基础上，将 n 个盘片从 A 号柱移动到 C 号柱，如果我们能首先把（n − 1）个盘片从 A 号柱移动到 B 号柱，再把最底下的那个盘片从 A 号柱移动到 C 号柱，最后再把 B 号柱的（n − 1）个盘片借助 A 号柱移动到 C 号柱，这个问题就解决了。

在移动上面（n − 1）个盘片的时候，由于底下的盘片最大，因此可以假设它并不存在。如果设移动 n 个盘片需要 f(n) 步，则 f(n) = 2 × f(n − 1) + 1。

按这一递推关系，这个序列是 1，3，7，15，31，63，127，……可以看出，n 个盘片移动的次数是（2^n − 1）。成功移动 64 个盘片需要 18446744073709551615 次。假如每移动一个盘片花 1 秒，并且这些僧侣能够正确无误地移动每一步的话（我是不相信的），大约需要花 6000 亿年才能完成。

一个有趣的问题是：要成功地移动汉诺塔，第一步应该怎么移？有兴趣的读者可以自行思考一下。

总结一下递归问题的要点：

● 要解决问题的规模较大。
● 可以利用小规模问题的解法来帮助解决更大规模问题。
● 小规模问题和原有问题具有同样的结构（这一点最关键）。

事实上，很多问题都可以用递归的思维来思考，它甚至能帮助我们理解最简单的乘法原理。例如，用 1，2，3，4，5 这 5 个数字可以组成多少个不同的 5 位数？这个问题同样可以从简单的开始尝试。

● 用 1 个数字可以构成多少个不同的 1 位数？答案显然是 1。
● 用 2 个数字可以构成多少个不同的 2 位数？答案显然是 2。
● 用 3 个数字可以构成多少个不同的 3 位数？答案是 6。很多小朋友都会去枚举，但也可以不枚举。任意选一个数字作为第一位，有 3 种选法，剩下的 2 个数字可以构成 2 个两位数，因此总的方法数是 $3 \times 2 = 6$。

依此类推，要解决 5 个数字组成多少个 5 位数，我们可以随便选择 1 个数字作为 5 位数的最高位，于是问题就转化为：剩下 4 个数字可以构成多少个 4 位数？如果我们知道了这个，那在此基础上乘以 5 就是答案了。

我是学计算机的，深知递归的重要性。因为在计算机中，从形式化定义到算法，递归的身影无处不在。在后面我介绍的二分查找中，就可以利用递归。可以这么说，对于初学编程的人来说，是否会用递归思维去解决问题是普通程序员迈向优秀程序员的一大门槛。培养孩子的递归思维，会让孩子在未来受益匪浅。

大自然的数学奥秘——斐波那契数列

我们固然不能说，凡是合理的都是美的；但凡是美的确实都是合理的，至少应该是合理的。

——歌德

从爬楼梯开始

很多小朋友稍微长大一点儿后，爬楼梯就不再一级一级爬，而是会一下跨两级楼梯，甚至挑战 3 级楼梯。关于爬楼梯，还真有一道经典的数学问题。这个问题与下面的螺旋图有着密切关系。某一次，我在旭爬楼梯的时候顺道问了这个问题：

假设有 10 级楼梯，一步可以跨 1 级或 2 级楼梯，请问一共有多少种不同的爬法？

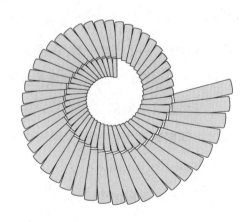

这个问题乍一看，还挺不简单。旭一开始也没头绪，我给了他一点儿启发：10 级楼梯太多，先从少一点儿的楼梯级数开始试。

1 级楼梯：1 种	
2 级楼梯：2 种	
3 级楼梯：3 种	
4 级楼梯：5 种	
5 级楼梯：8 种	

这样列出来之后，一般的小朋友都可以找出变化的规律，6 级楼梯有 13 种爬法。但这还仅仅是一种合理的猜测，为什么是正确的呢？

不妨这么思考，比如 5 级楼梯，第一步可以怎么走呢？可以有两种走法：一种是跨 1 级楼梯，那还剩下 4 级楼梯，有 5 种走法；另一种是跨 2 级楼梯，则剩下 3 级楼梯，有 3 种走法。根据加法原理，5 级楼梯一共有 $5 + 3 = 8$ 种爬法。

推广一下，假设 n 级楼梯的爬法为 $f(n)$ 种，那么第一步可以跨 1 级楼梯，剩下 $(n - 1)$ 级楼梯，有 $f(n - 1)$ 种爬法；第一步也可以跨 2 级楼梯，剩下 $(n - 2)$ 级楼梯，有 $f(n - 2)$ 种爬法，因此 $f(n) = f(n - 1) + f(n - 2)$。这就是斐波那契数列的递推关系。

当然，这个问题还有不同的解法。很多人没有想到递归，可能会将这一问题转换为：有多少种不同的 1 和 2 的有序组合，使得其相加之和为 10？

可以这样来解这个问题：

● 有序组中包含 10 个元素，即不包含 2：1 种（10 个 1）
● 有序组中包含 9 个元素，1 个 2 和 8 个 1：9 种（2 出现在 9 个位

置中的任何一个)

● 有序组中包含 8 个元素，2 个 2 和 6 个 1：28 种（8 个位置选 2 个位置放 2）

● 有序组中包含 7 个元素，3 个 2 和 4 个 1：35 种（7 个位置选 3 个位置放 2）

● 有序组中包含 6 个元素，4 个 2 和 2 个 1：15 种（6 个位置选 2 个位置放 1）

● 有序组中包含 5 个元素，5 个 2：1 种

● 总计：1+9+28+35+15+1=89 种，与斐波那契数列递推得到的答案一致。

但这种解法的问题在于其扩展性差。问题存在于下面两个层面：

（1）如果是 100 级楼梯而非 10 级楼梯，那么上面的分析复杂度就会大幅增加；

（2）如果每一步可以跨的级数增加，例如可以跨 1 级、2 级、3 级，那么上面的分析复杂度将呈几何级数增长，而如果采用递推分析法，则很简单，就是：$f(n) = f(n-1) + f(n-2) + f(n-3)$。

斐波那契数列的来历

斐波那契数列在公元前的印度就已经出现，公元 12 世纪由意大利数学家莱昂纳多·斐波那契以兔子繁殖为例引入欧洲，因此又称为"兔子数列"。

假如兔子在出生两个月后就有繁殖能力，一对兔子每个月能生出一对小兔来，如果所有兔子都不会死，那么 12 个月后一共有多少对兔子？

这一问题可以通过下面的图和表格予以形象表述。

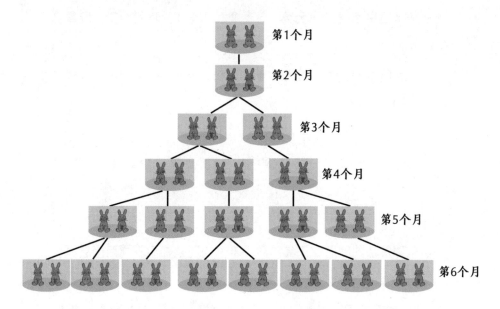

经过月份	1	2	3	4	5	6	7	8	9	10	11	12
幼兔对数	1	0	1	1	2	3	5	8	13	21	34	55
成兔对数	0	1	1	2	3	5	8	13	21	34	55	89
总对数	1	1	2	3	5	8	13	21	34	55	89	144

幼兔对数 = 前一月成兔对数

成兔对数 = 前一月成兔对数 + 前一月幼兔对数

斐波那契数列在自然科学的其他分支中也有许多应用。例如树木的生长问题，由于新生的枝条往往需要一段"休息"时间，而后才能萌发新枝，因此，一株树苗在一段间隔，例如一年后，才长出一条新枝；第二年新枝"休息"，老枝依旧萌发；此后，老枝与"休息"过一年的枝同时萌发，当年生的新枝则次年"休息"。这样，一株树木各个年份的枝丫数便构成斐波那契数列（下图）。这个规律就是生物学上著名的"鲁德维格定律"。

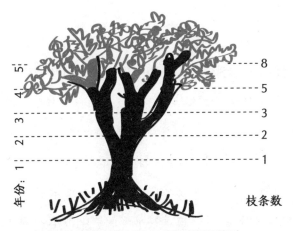

树木上各年份的枝丫数构成斐波那契数列

斐波那契数列与黄金分割

斐波那契数列的有趣之处在于它的通项公式：

$$f(n) = \frac{1}{\sqrt{5}}\left[\left(\frac{1+\sqrt{5}}{2}\right)^n - \left(\frac{1-\sqrt{5}}{2}\right)^n\right]$$

一个整数序列，其通项公式竟然可以用无理数表达。更重要的是，这个无理数很特别。

斐波那契数列的前一项和后一项之比无限接近一个数：0.618。不信可以试几个：

$1 \div 1 = 1,\ 1 \div 2 = 0.5,\ 2 \div 3 = 0.666\cdots\cdots$

$3 \div 5 = 0.6,\ 5 \div 8 = 0.625,\ 55 \div 89 = 0.617977\cdots\cdots$

$144 \div 233 = 0.618025\cdots\cdots$

$46368 \div 75025 = 0.6180339886$

为什么是这个极限？可以用数学的方法证明，在此略去，有兴趣的读者可以尝试一下。

古希腊数学家欧多克索斯在公元前 4 世纪就系统研究了黄金分割的问题，并提出了比例理论。在他的理论中，黄金分割是指将一条线段分为 A 和 B 两部分，使 A 与 B 的长度之比等于 B 的长度与整条线段的长度之比。

而斐波那契数列 1，1，2，3，5，8，13，21，……从第二位开始，相邻两个数的前一个与后一个之比，随着位置的逐渐往后移，会逐渐接近黄金分割。因此，计算黄金分割最简单的方法，即计算斐波那契数列 1，1，2，3，5，8，13，21，……第二位起相邻两数之比。

人们发现，按 0.618：1 来设计的比例画出的画最优美。达·芬奇的作品《蒙娜丽莎》和《最后的晚餐》中都运用了黄金分割。

现今的女性，腰身以下的长度平均只占身高的 0.58，古希腊著名雕像断臂维纳斯及太阳神阿波罗都是雕塑家通过故意延长双腿，使之与身高的比值为 0.618。

建筑师们也对数字 0.618 特别偏爱，无论是古埃及的金字塔，还是巴黎圣母院，抑或是法国的埃菲尔铁塔、希腊雅典的巴特农神庙，都有黄金分割的影子。

如果我们把斐波那契数列中的数作为一个个正方形的边长，按照下图的方式拼起来，并按照图示方式画出圆弧，就得到了"斐波那契螺旋"，这一螺旋是黄金螺旋的最佳近似。

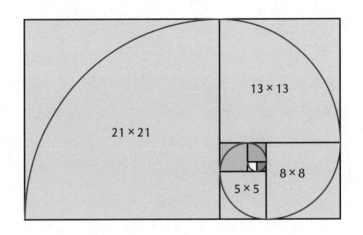

神奇的是，大自然中，小到动植物，大到星云，都呈现出这一螺旋。这一神秘的序列把很多看似毫不相关的大自然现象完美地联系在一起。

你是否也会遇到下列情况：当你写工作报告的时候，大脑一片混乱，无从下手；当你上台演讲的时候，头脑一片空白，说话语无伦次；当你写一篇作文的时候，虽然下笔千言，最后却发现离题万里。这些都是缺乏整体思维的表现。对一个问题形成整体框架，比纠结于某个细节更重要。许多数学问题亦是如此，通过整体思维可以给出优美的解决方案。是不是一定要算出分针与时针每一次具体的重合点才能知道重合的次数？是否要精确画出台球完整的运动轨迹才能知道台球最后落进哪个球袋？三阶幻方的中间为什么要填5？有了整体思维这一利器，这些问题就可以迎刃而解。

七　整体思维

时针和分针重合了多少次

有段时间，昍在学习角的知识，作业上以时钟为主题的题目恰好是我之前想讲的例子。可别小看这嘀嘀嗒嗒的家伙，它里面的数学问题可不少呢。

其中一个著名且有趣的问题是时针与分针的重合问题：

从 0 点到 24 点的一整天中，分针和时针要重合多少次（0 点不算）？

我第一次指着钟面问昍这个问题的时候，他的第一反应是给出每次的重合点在什么位置，然后数一下有多少次重合。在给孩子们讲解该问题时，有的孩子干脆直接拿出了手表开始一边转一边数，这种实证的做法当然无可厚非。

如何精确计算出每次的重合点呢？

第 1 次应该在 1:05 ~ 1:10 的某个时刻重合，具体在几点重合，这实际上是个圆周上的追及问题。分针和时针都在运动，但这一追及问题并非是以距离来度量，而是以角度来度量。分针 60 分钟走一圈为 360°，因此每分钟走 6°；时针 60 分钟走一格为 30°，因此每分钟走 0.5°。由此可以得出，每分钟分针比时针多走 $\frac{11}{2}$ 度。而从 0:00 开始到再次重合，分针要比时针多走一圈，即 360°，因此需要花 $360 \div \frac{11}{2} = \frac{720}{11}$ 分。

第 2 次应该在 2:10 ~ 2:15 的某个时刻重合，具体重合时间可以参照上面的追及问题解出。

第 3 次应该在 3:15 ~ 3:20 的某个时刻重合。

……

第 10 次应该在 10:50 ~ 10:55 的某个时刻重合。

第 11 次则是在 12:00 重合。

这样，12 个小时中时针和分针重合了 11 次，那么 24 小时则重合 22 次。

但是这样精确计算出每次的重合点实在是有点儿累，事实上也没有必要。我们不如换个角度思考：重合一次意味着什么？

重合一次，表示分针比时针多走了一圈。事实上，这两者是等价的：多走一圈，一定重合一次；反之，重合一次，一定多走一圈。

以这个作为思考的起点，那么从 0 点到 24 点，分针跑了 24 圈，时针跑了 2 圈，分针比时针多跑了 22 圈，等价于重合了 22 次。这样思考是不是更简洁明了？

事实上，这是一种整体思维。"欲穷千里目，更上一层楼。""不识庐山真面目，只缘身在此山中。"这些诗句中都蕴含了整体思维的思想。站得高，才能看得远；从烦琐的细节中抽身出来，为的是更好地把握全局。

整体思维就是指全面地、总体地考虑数学问题。在研究问题的过程中，将需要解决的问题看作一个整体，从整体角度思考，研究问题的整体形式、整体结构，通过对整体结构的调节和转化使问题得以解决。特别是我们无须（有时候也无法）计算出每个分量的值，但可以求出整体的值。

整体思维可以用于解决多种不同类型的问题。下面举两个例子。

问题 1　有 A，B，C，D，E 五支队伍参加篮球比赛，每两支队伍都要比赛一场，且每场都分出胜负。现已知 A 队 1 胜 3 负，B 队 2 胜 2 负，C 队 1 胜 3 负，D 队 3 胜 1 负，请问 E 队几胜几负？

我们可以尝试画出所有队伍两两之间的胜负关系，这样求得 E 队几胜几负自然不在话下。但有些时候，画出所有队伍的胜负关系是做不到的，也完全没有必要。那我们就要善于抓住问题里面的不变性，无论胜负关系如何，一场比赛总是一胜一负，因此胜场数与负场数应该相等。5 支队伍两两比赛，每支队伍赛 4 场，总共赛 10 场比赛，因此总计 10 胜 10 负。基于此，由于已知 A，B，C，D 的胜、负总场数分别为 7 场和 9 场，因此 E 队 3 胜 1 负。

问题2　下图中，100×96 的长方形被分为 4 个三角形。其中的 3 个三角形的周长分别是 300、224、168，请问涂色部分三角形的周长是多少？

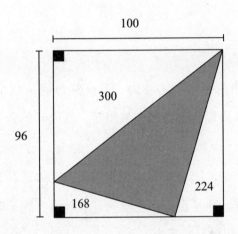

这个问题中，如果能把涂色三角形每条边的长度都求出来，固然最好。但是求每条边的边长有点儿复杂，需要具备勾股定理、无理数和方程这些数学知识。实际上，题目并没有问我们每条边的长度，而只是问三角形的周长。因此，一个自然的想法是，有没有无须求出每条边的长度就能求出整体周长的方法呢？当然是有的。题目已经告诉我们其中 3 个三角形的周长，它们的和就是整个长方形的周长加上涂色三角形的周长。因此：

涂色三角形的周长 $= 300 + 224 + 168 - (100 + 96) \times 2 = 300$。

桌球到底进了哪个球袋

盖将自其变者而观之，则天地曾不能以一瞬；自其不变者而观之，则物与我皆无尽也。

——苏轼《赤壁赋》

有一次在研究台球的击球时，我突然想到了一个问题：猛力击一杆球，那么球最后会落到哪个袋里呢，抑或会不会一直弹来弹去不落袋？

实际的台球运动轨迹与许多因素有关。比如球并非一个质点，如果击球点不一样，球甚至会产生旋转，从而沿曲线运动。为了简化这个问题，我们可以做一些假设：

● 假设台球桌只有 4 个角上才有球袋；

● 假设球是质点，且球沿直线运动；

● 假设球桌是绝对光滑的，因此球一旦被击打，如果不落袋，就会一直反弹。

在上面 3 个假设的前提下，如果球桌的长和宽分别为 100 分米和 67 分米，球从下图的左下角沿着 45°角被射出，那么这个球会落到哪个球袋里呢？

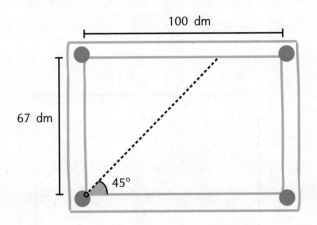

听到这个问题，孩子最直接的想法是作图，精确地画出球的运动轨迹，特别是与球桌的每条边的触碰点。比如，球的第一次反弹应该是在球桌的上沿，距离左上角 67 分米的位置。

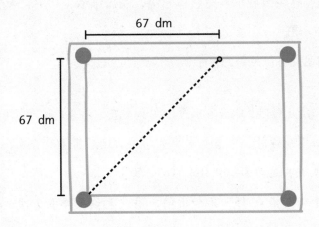

但是，他尝试了一会儿就发现，这个方案很难实现。如果真要标出所有的反弹点，那他自己都凌乱了。

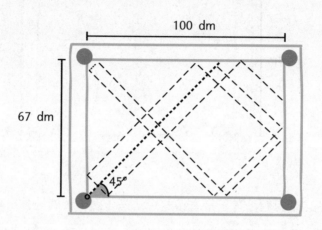

那是不是可以不用准确地标出整个球的运动轨迹就知道球落到哪个球袋呢？这需要我们具有整体思维，跳出细节，从更宏观的角度来思考这个问题。

球的运动可以分解为水平运动和垂直运动。

第一次反弹时，球沿着水平方向和垂直方向分别运动了 67 分米。

第二次反弹时，球沿着水平方向一共运动了 100 分米，沿着垂直方向也一共运动了 100 分米（67 + 33）。

由于球是沿着 45° 角射出的，因此无论反弹多少次，水平方向运动的距离之和与垂直方向运动的距离之和总是相等的。

此外，如果球碰到球桌的上沿或下沿反弹，那么沿垂直方向运动的距离之和一定是 67 的倍数；而如果球碰到了球桌的左沿或右沿反弹，那么球沿水平方向运动的距离之和一定是 100 的倍数。

那什么时候球落进 4 个球袋之一呢？

每个球袋一定同时处于球桌的上 / 下沿和左 / 右沿。因此，从上 / 下沿来看，小球沿垂直方向运动的距离之和应该是 67 的倍数，而从左 / 右沿来看，小球沿水平方向运动的距离之和应该是 100 的倍数。

由于沿水平方向运动的距离之和与沿垂直方向运动的距离之和相等，因此，球沿着水平或垂直方向运动的距离之和应该是 100 和 67 的最小公倍数，即 6700 分米。

那么到底会落进哪个球袋呢？

因为小球碰到球桌右沿反弹时，沿水平方向运动的距离之和是 100 的奇数倍。

而当小球碰到球桌左沿反弹时，沿水平方向运动的距离之和是 100 的偶数倍。$6700 \div 100 = 67$，因此小球在水平方向最后应该碰到了球桌的右沿。

由于 $6700 \div 67 = 100$，因此，小球在垂直方向最后应该碰到了球桌的下沿。结合这两个结果，小球最后应该掉入了右下角的球袋。

用同样的方法，读者是否可以判断一下在下面的球桌上，台球将会落进哪个球袋呢？（答案和解题思路可在作者公众号"旧爸说数学与计算思维"中获取）

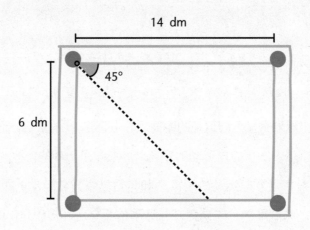

三阶幻方的中间为什么要填 5

> 大行不顾细谨，大礼不辞小让。
> ——《史记·项羽本纪》

三阶幻方怎么填

三阶幻方众人皆知，它甚至出现在了金庸的武侠小说《射雕英雄传》中。我们不妨先来看一下小说中的片段：

那女子（瑛姑）沮丧失色，身子微微摇晃，突然一跤坐落细沙，双手捧头，苦苦思索，过了一会，忽然抬起头来，脸有喜色，道："你的算法自然精我百倍，可是我问你：将一至九这九个数字排成三列，不论纵横斜角，每三字相加都是十五，如何排法？"

黄蓉心想："我爹爹经营桃花岛，五行生克之变，何等精奥？这九宫之法是桃花岛阵图的根基，岂有不知之理？"当下低声诵道："九宫之义，法以灵龟，二四为肩，六八为足，左三右七，戴九履一，五居中央。"边说边画，在沙上画了一个九宫之图。

以上片段中，瑛姑所出的题目正好为一个三阶幻方。三阶幻方具体要求为：将 1~9 这 9 个数字填入 3×3 的九宫格内，要求每行、每列以及每条对角线的 3 个数字之和都是 15。

黄蓉所诵的口诀，对应了下面的填法：

4	9	2
3	5	7
8	1	6

对于幻方，我国古代数学家杨辉还有个巧妙的口诀：**九子斜排，上下对易，左右相更，四维挺出**。其做法如下图所示。

		1		
	4		2	
7		5		3
	8		6	
		9		

		9		
	4		2	
3		5		7
	8		6	
		1		

		9		
	4		2	
3		5		7
	8		6	
		1		

第一次让旭填幻方的时候，他折腾了许久也无果。后来，问众多小孩，不少孩子能脱口而出："中间应该填 5。"有些孩子也记得用口诀来填幻方。但为什么中间一定要填 5，却没有人能答得上来。

为什么中间要填 5？从直觉来说，5 是 1 ～ 9 这 9 个数最中间的一个，其余的数都以 5 为对称，因此 5 理应居于九宫格的中心。但严格的理论证明需要一点儿整体思维。很多时候，整体思维需要分析整个问题中哪些是变化的，哪些是不变的。抓住在变化中保持不变的东西，从而让问题迎刃而解。

比如在这个问题中，填数的方法千变万化，但有一点是不变的，即它们的总和为 45，那么每行、每列和两条对角线的和都是 15。

不妨设我们在下面的幻方中分别填上了 a, b, c, d, e, f, g, h, i，则有 $a+b+c+d+e+f+g+h+i=45$。

a	b	c
d	e	f
g	h	i

我们选取如下图的中间一行、中间一列和两条对角线的所有元素，并对其求和。由于每行、每列和对角线的和都是 15，因此总和为 $15 \times 4 = 60$。

a	b	c
d	e	f
g	h	i

a	b	c
d	e	f
g	h	i

a	b	c
d	e	f
g	h	i

a	b	c
d	e	f
g	h	i

按它们包含的格子逐个相加，其和应为：

$d+e+f+b+e+h+a+e+i+c+e+g = (a+b+c+d+e+f+g+h+i) + 3e = 45+3e$

也就是说，这 4 组求和覆盖了所有的格子，并且中间的格子多算了 3 次。

因此，我们有 $45+3e=60$，故 $e=5$。

有了上面的基础，不妨试着解决下面这个问题：

把 0 ~ 9 这 10 个数字填入下面的 10 个圆圈，使得 3 个正方形中的 4 个数字之和相等，请问正方形的 4 个数字之和最大值是多少?

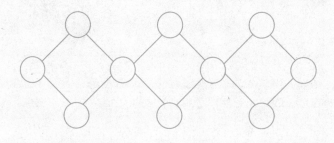

变与不变

虽然我们所处的世界唯有"变化"才是永恒的，但变化并非是随机、无序的，而是受规律支配的。即便是看似无序的事件，背后也有各种分布规律。发现复杂现象背后的不变性，有助于我们拨开迷雾看清本质，简化很多问题的解决过程。

行程问题中有一个特别有名的问题：

甲、乙两人从相距 1000 米的 A、B 两地相向而行，甲每分钟行 60 米，乙每分钟行 40 米。一条狗与甲一起向 B 地出发，狗以每分钟 90 米的速度奔跑，当狗遇到乙后立刻折返奔向甲，当狗遇到甲后立刻折返奔向乙。请问，当甲、乙两人相遇时，狗跑了多少米？

一个自然的想法是，先求出小狗每次与甲、乙相遇的时间，以及相遇时甲、乙所处的具体位置。然后将每次小狗与甲、乙相遇时所跑的距离逐一相加。这样做确实是可行的，但稍微试一下就会发现，这一过程相当烦琐。

那是不是一定需要求出每次相遇的具体位置呢？

小狗跑来跑去，位置无时不在变化，但有一点是不变的，即小狗跑的速度是恒定的。因此，如果我们能算出狗总共跑的时间，那总路程就可根据路程 = 速度 × 时间求得。

而狗跑的总时间跟每次与甲、乙相遇时的具体位置并没有关系。甲、乙出发时狗也开始跑，到甲、乙相遇时结束，因此，甲、乙相遇所花

的时间 $1000 \div (60 + 40) = 10$ 分钟就是狗跑的总时间。因此，狗跑的总距离是 900 米。

有人可能会觉得，上面的套路在学校早就学过了，没什么新奇。但要学会整体思维还真不是那么容易。不信，不妨继续回答下面这个问题：

请问当甲、乙相遇时，小狗朝甲跑了多少米？

如果又回到了计算出每次小狗与甲、乙相遇时所处的精确位置，那又陷入了细节。我们不妨这么来考虑。

当甲、乙相遇时，小狗跑的路程可以分为朝甲跑的路程 a 和朝乙跑的路程 b，也就是 $a + b = 900$。

甲、乙相遇时，甲、乙和小狗都在同一位置，即位于距离 A 地 $60 \times 10 = 600$ 米的位置。

这个距离也正是小狗朝乙跑的路程比朝甲跑的路程多出的部分，即 $b - a = 600$，因此 $a = 150$，$b = 750$。

所以，小狗朝甲跑了 150 米。

下页的图可以帮助我们理解上述解法。

小狗先沿黄色路线从 A 向右跑到 C 与乙相遇。

然后再从 C 往回跑到 D 与甲相遇。

再沿红色从 D 跑到 E 与乙相遇。

再沿红色从 E 跑到 F 与甲相遇。

此时，小狗朝乙跑的距离即为从左向右跑的总距离，为 AC＋DE，而朝甲跑的距离即为从右向左跑的总距离，为 CD＋EF。

两者之差为：AC＋DE－(CD＋EF)＝AC－CD＋DE－EF＝AD＋DF＝AF

因此，最终甲、乙相遇时，小狗朝乙跑的总路程减小狗朝甲跑的总路程就等于甲、乙相遇时距离 A 的距离。

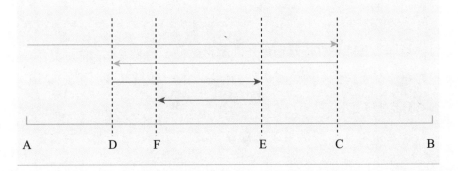

关于整体思维和变与不变，还有一个著名的"四只虫子"问题。美国天文学家、纽约海登天文馆馆长泰森在自传中提到自己小时候（11 岁时）最喜欢的一道智力题是这样的：

4 只虫子在一个边长为 1 英尺的正方形的 4 个角上，同时开始以相同的速度追自己前方的虫子（即方向始终对准前方虫子），问追上时每只虫子爬了多少路？

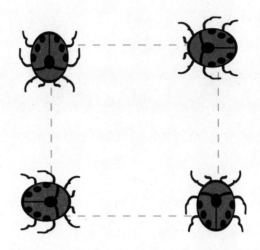

  按照正常的思维，我们需要知道虫子的运动轨迹，才能计算其爬行路程。但 4 只虫子的位置每一秒都在变化，没有高等数学的知识，很难界定虫子的轨迹。

  在看似难以驾驭的虫子运动轨迹背后，隐藏着什么不变量呢？这就需要我们跳出单个虫子的微观运动，而从宏观上去看虫子的相对状态。

  首先，如果我们把任何时候 4 只虫子所在位置构成的形状作为状态，那么，4 只虫子的初始状态是一个边长为 1 的正方形，最终的状态可以看成汇聚到中间的一个边长为 0 的正方形，其实就是一个点。而在中间的任何一个时刻，以 4 只虫子为顶点依然构成一个正方形，这是一个不变性。

  其次，题目中说，任何时刻后面的虫子始终对准前方的虫子去追。这句话很重要，虽然正方形的边的方向时刻在变化，但"方向始终对准"表明后面的虫子始终是沿着正方形边的方向爬行，也就是说如果正方形的边方向稍有调整，则虫子的爬行方向随即做出调整。这也是一个不变性。

有了这两点，就可以很容易看出，虫子爬行的正方形边长初始值为 1 英尺，最终值为 0，而虫子始终是沿着边长的方向爬行的，因此最终的爬行距离就是 1 英尺。而如果看虫子的运动轨迹，则是一个复杂的等角螺线。

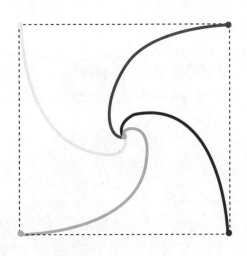

至此，分析已经结束了。结果，在群里讨论这个问题的时候，某同学来了个神回复："请问虫子的步长是多少？"这太醒脑了，绝对是计算思维和数学思维的激烈碰撞。

上面的结论要成立，事实上要求虫子的步长是连续无限小，这在现实中是不可能的。在计算机中，无论如何小，步长都是一个大于 0 的数值，从而最后的爬行距离必然超过 1 英尺。

微观与宏观

那是不是有了宏观和整体，就不需要考虑微观与局部呢？并不是。我曾给旸讲过《庄子·齐物论》中的一则寓言：

有人养了一些猴子，原来每天早上给猴子吃3个橡子，晚上给4个。过了一段时间，猴子嫌每天得到的橡子太少，对主人很不满。主人便每天早上给猴子吃4个橡子，晚上吃3个。猴子们便很高兴。

（竹寒绘制）

昕听完一脸不解地问："橡子总数没有变啊，为什么猴子就高兴了？"

确实，这则寓言的本意是说猴子不能认识到橡子总数的不变性，因此"无端"高兴体现了其低智商。

但细想这个问题，其实蛮有趣。我问他：如果是你，你会选择哪种获取方式？他说要选早上少拿，晚上多拿，因为好东西要留到最后。这体现了一种生活态度，我无可反驳。

但从另一个角度看，猴子是聪明的，先占有资源可以获得资源的额外收益。同样是单位给员工 30 万元购房补贴，一种是一次性给，另一种是分 10 年给，每个人都会做出跟猴子一样的选择。

即便不从经济学的角度思考，如果假定猴子的消耗速度是固定的，而一天 7 个橡子正好能保证其不饥饿，那么，早上拿 3 个橡子，晚上拿 4 个橡子，就会出现一段饥饿期；而反之，则不会。原因是一天消耗 7 个橡子，那半天消耗 3.5 个才不饥饿。如果先拿 3 个，后拿 4 个，那么前半天只有 3 个橡子，猴子会因为食物不够而饥饿；而如果先拿 4 个，后拿 3 个，那就不会。

所以，从最优化的角度讲，猴子是聪明的。有点儿扯远了，但这反映的是一个问题有不同的观察角度。

谈到极限，有些人就认为是高中甚至大学才会碰到的内容。其实不然。生活中很多时候都需要我们用极限与极值思维来考虑问题。极值思维，通俗地讲，就是考虑最极端的情况。而极限则是建立有穷与无穷的桥梁。打印机是怎么打印出彩色照片的？古代的数学家们是怎么计算圆周率的？芝诺所提出的"阿基里斯跑不过乌龟"到底是怎么回事？这些问题很好地诠释了极限与极值思维不仅存在于教科书中，也存在于生活的方方面面。

八　极限与极值思维

岛主怎么选更公平

之前某西方国家大选后，有报道说可能需要重新计票，原因在于其中一个候选人的普选票数高出另一个候选人很多，最后却输了选举。许多人看到这个报道后想不明白。其实，要理解这个现象，需要对选举规则有一点儿了解。

这个问题可以说是极值思维的绝佳案例。这个国家的选举虽然是一人一票，但并非最后统计谁的普选票多谁就赢，而是采用的选举人制度。

所谓选举人制度，大致是这样的：每个州根据人口多少分配一定的选举人票，比如 A 州人口众多，那么可能有超过 50 张的选举人票，而 B 州地广人稀，可能只有少于 5 张的选举人票；选举的时候，每个州单独选举并计票，一旦某个候选人在该州胜出，那么就获得了本州的所有选举人票（赢者通吃）；最后，统计每个候选人赢得的选举人票总数，谁获得的选举人票总数多就赢得最终的大选。

为了帮助昍理解选举人制度，我给他举了个更容易理解的例子：假定现在有两个小岛，分别有 110 人和 100 人，两个岛的选举人票数分别是 11 张和 10 张，与人口成正比；昍昍和妹妹庭庭是岛主候选人，看

188

看谁能赢。最终，选举的结果如下表所示。

		昭昭	庭庭
大熊岛	普选票	100	0
	选举人票	10	0
白雪公主岛	普选票	54	56
	选举人票	0	11
总计	普选票	154	56
	选举人票	10	11

可以看到，虽然昭昭赢得了总共210张普选票中的154张，而庭庭只赢得了其中的56张，但庭庭凭借选举人票11：10获得了最终的胜利。其原因就在于候选人在某些州可能大胜，而在另外一些州则可能是惜败，就如这个例子中昭昭在大熊岛和白雪公主岛遭遇的情况一样。

将这一问题稍作拓展，问题就来了：在这一选举人规则下，如果不知道每个岛的具体普选票数，那么，普选票总数要比对手高出多少百分比才能确保自己赢得整个选举呢？

照片打印机中的数学问题

　　没有任何问题可以像无穷那样深深地触动人的情感，很少有别的观念能像无穷那样激励理智产生富有成果的思想，然而也没有任何其他的概念能像无穷那样需要加以阐明。

——希尔伯特

引子

　　当家里买回照片打印机时，旰早就迫不及待地想试试了。我们花了大半个小时完成安装和配置后，照片打印机开始工作了……

　　旰惊奇地发现，在打印过程中，相纸会先后进出 3 次。第一次出来，相纸覆盖上了不同明亮度的黄色；第二次出来时，相纸在黄色的基础上叠加了粉红色；最后一次出来，完整的照片就打印好了。

借此机会，正好给孩子普及一下数字图像的基本知识，这也再一次诠释了生活中数学无处不在。

三原色

大家都知道红、黄、蓝 3 种颜色叠加就成了黑色，这就是画家们口中的美术三原色。所谓"原"，就是能通过不同组合生成其他东西的物体。例如我们讲的原子是复杂物质的基本粒子。所以，三原色就是能调制出绝大部分其他颜色的颜色。

事实上，只需要这 3 种颜料，有经验的画家就能按照不同比例魔术般地调配出千变万化的颜色来。

但是，心细的读者可能会发现：打印机三原色中的第二个和第三个并不是传统意义上的红色和蓝色，而是粉红色和青色。

实际上，彩色印刷的油墨调配、彩色照片的原理及生产、彩色打印机的设计以及实际应用，都是以黄、品红、青为三原色，而不是黄、红、蓝。

在彩色照片的成像中，3 层乳剂层分别为：底层为黄色，中层为品红，上层为青色。各品牌彩色喷墨打印机也都是以黄、品红、青加上黑墨盒来打印彩色图片的，这正是我们在照片打印过程中看到的现象。

为什么要用黄、品红、青替代黄、红、蓝呢？这是因为品红加适量黄可以调出大红，而大红却无法调出品红；青加适量品红可以得到蓝，而蓝加绿得到的却是不鲜艳的青；用黄、品红、青三色能调配出更多的颜色，而且更纯正、更鲜艳。

在计算机的屏幕显示中，我们经常说的 RGB 则是红（Red）、绿（Green）、蓝（Blue），称为三原色光。电脑屏幕上的所有颜色，都由红、绿、蓝这三种色光按照不同的比例混合而成。一组红、绿、蓝构成的三元组就是一个最小的显示单位。屏幕上的任何一个颜色都可以由一组 RGB 值来记录和表达。

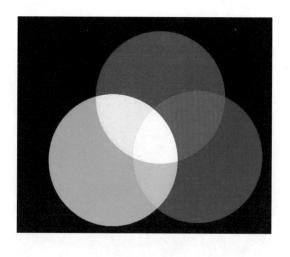

那么图像是怎么打印成照片的呢？打印机怎么知道在照片上的某个地方要打印什么颜色呢？这就涉及图像的表示。在好奇心的驱使下，孩子饶有兴趣地听我进一步解释。

图像的离散化

一幅图像可以按照类似方格本一样被划分成许多方格。对每个方格，只用一种颜色进行着色。这样划分的方格数越少，图像越粗糙；相反，划分的方格数越多，图像就越平滑和逼真。这便是图像的离散化表示原理。

下图中，左边的图像是比较粗糙的，而右边的图像则看上去更细腻，这是因为它划分的方格已经细小到肉眼无法分辨了。比如我们通常说的屏幕分辨率1024×768，就是把屏幕分成了1024×768个方格。

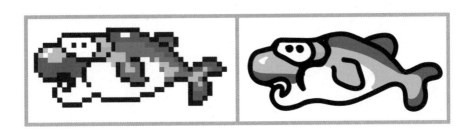

图像中每个点的表示

对于每个方格，打印机如何确定黄、品红、青的成分呢？比如某个方格是黄色，没有品红和青的成分，那打印机就只需要涂上黄色。而对于黄色来说，也有一个强度的问题，是浅黄还是深黄？每一种基准颜色的强度都可以用一个数字来表示，比如用0～9表示黄色成分的强度：0 表示没有黄色成分，从 1 至 9 表示黄色的程度逐渐加深。

这样，每个方格的颜色就可以用一个三元组来表示，例如 <0，9，0> 就表示品红，其中品红的强度为最高。而如果是 <9，9，0> 则表示大红。

在这一基础上，我给孩子提了个问题：依据上面的三原色组合图，<9，9，9> 表示什么颜色？他很容易给出了答案："黑色"。

在电脑中，RGB 中的每种原色光通常各有 256 级亮度，用数字表示为从 0，1，2……直到 255。

据此，根据简单的乘法原理，可以计算出：256 级亮度的 RGB 色彩总共能组合出约 1678 万种色彩，即 $256 \times 256 \times 256 = 16777216$，通常也被简称为 1600 万色或千万色。1600 万种颜色，可真是不少啊！

圆周率的那点儿事

> 割之弥细, 所失弥少。
>
> ——刘徽

圆周率日

3 月 14 日是什么特殊的日子? 许多人听说过 2 月 14 日的情人节和 3 月 15 日的消费者权益日, 但不知 3 月 14 日是什么节日。

真不知道? 那换个方式表示: 3.14, 这下清楚了吗? 没错, 是圆周率日, 数学爱好者的派对日。2009 年, 在美国麻省理工学院的倡议下, 美国众议院正式通过一项无约束力决议, 将每年的 3 月 14 日设定为 "圆周率日" (National Pi Day)。

2010 年, 谷歌 (Google) 公司推出了下面的定制谷歌图标 (Google Doodle) 以纪念圆周率日, 其中包含了圆周率的诸多奥妙。

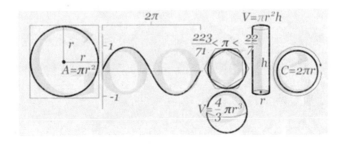

圆周率

有一次，旯问我："圆周率是什么？"我反问他："你怎么求圆的周长？"对于多边形的周长，可以用尺子量出每条边的长度，然后累加起来。但是圆是个曲线，无法用尺子直接度量它的长度。那怎么办？圆周率就是干这个的：化曲为直！

所谓圆周率 π，就是圆的周长与直径之比。神奇的是，它居然是一个不变量，跟圆多大没有关系。

有了这个，那么只要用直尺量出圆的直径，然后乘以圆周率就得到了圆的周长。圆周率 π 和自然对数的底 e 一起成了数学中最有名的常量。

在我小时候，没有现在的古诗词大会，但我依稀记得那会儿流行背圆周率。我们经常会在报纸上看到某些神童可以背到圆周率后面几百位，简直惊为天人。

为了方便记忆圆周率，还有一首打油诗：

山巅一寺一壶酒（3.14159），尔乐苦煞吾（26535），把酒吃（897），酒杀尔（932），杀不死（384），乐尔乐（626）。

某个暑假，闲着无事，为了挑战一下自己的记忆力，我也曾闭关修炼了好几天，硬生生把圆周率背到了小数点后 150 位，并着实为此沾沾自喜了好一阵子。

割圆术

旭很好奇圆周率是怎么算的。实际上，任何一个稍微学过点儿数学的人都可以算出近似的圆周率值。下面我们就来将一将历史上的圆周率精度竞赛和所采用的方法。

我们从小就熟知中国对圆周率的贡献。南北朝时期的数学家祖冲之得出精确到小数点后 7 位的圆周率值，给出不足近似值 3.1415926 和过剩近似值 3.1415927。这一精确度领先了世界 800 年。

但中国并非是第一个研究圆周率的国家。早在古巴比伦和古埃及时，人们就已经知道了圆周率的存在。一块古巴比伦石匾（制作于公元前 1900 年至公元前 1600 年）上就清楚地记载了圆周率为 $\frac{25}{8}$ = 3.125。埃及人似乎在更早的时候就知道圆周率了。建造于公元前 2500 年左右的胡夫金字塔就和圆周率有关。例如，金字塔的周长和高度之比等于圆周率的 2 倍，正好等于圆的周长和半径之比。

古希腊大数学家阿基米德开创了人类历史上通过理论计算圆周率近似值的先河，他采用的正是刘徽所说的"割圆术"。

所谓"割圆术"，就是利用圆的内接和外切正多边形的周长来逼近圆的周长，实际上是极限思维的应用。下面就来简单展示一下割圆术是怎么工作的。

如果想得到圆周率的下限，那么可以从圆的内接正多边形开始。在圆的内部构造一个内接正六边形，那么该六边形的 6 个顶点把圆划分为 6 段圆弧，显然圆弧的长度大于六边形的边长（两点之间线段最短）。于是，圆的周长 $> 6A_1A_2$，而由于 $\triangle OA_1A_2$ 为正三角形，所以

圆周长 $2\pi R > 6R$（其中 R 为圆的半径），故 $\pi > 3$。

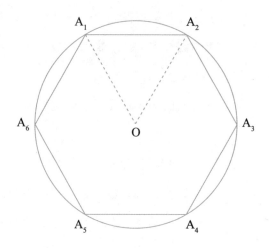

反之，如果在圆的外部构造一个外切正六边形（如下图所示），那么该六边形的周长大于圆的周长。于是有：

$2\pi R < 6B_1B_2$，由于 $\triangle OB_1B_2$ 为正三角形，所以 $B_1B_2 = \dfrac{2}{\sqrt{3}}R$

因此 $\pi < 2\sqrt{3}$，$2\sqrt{3}$ 为 π 的一个上限。

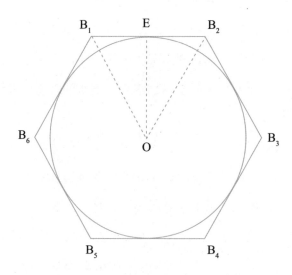

如果觉得这个 π 的精度还过粗，可以继续分割。例如根据下图的内接正 12 边形，可以徒手算出精度更高的圆周率。

在这个图中，有 $A_1E = \dfrac{R}{2}$，$OE = \dfrac{\sqrt{3}}{2}R$，$A_2E = \left(1 - \dfrac{\sqrt{3}}{2}\right)R$，根据勾股定理，可得：

$$A_1A_2 = \sqrt{A_1E^2 + A_2E^2} = \sqrt{\frac{1}{4} + \left(1 - \frac{\sqrt{3}}{2}\right)^2}\,R = \sqrt{2 - \sqrt{3}}\,R$$

由于圆周长 $2\pi R > 12A_1A_2$，因此 $\pi > 6\sqrt{2 - \sqrt{3}} \approx 3.106$。

怎么样，对这个结果是不是有点儿满意了？

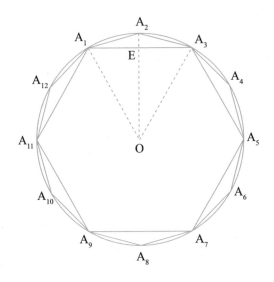

当然，我们可以一直这样割下去，从而愈发逼近圆周率的真值。刘徽就是遵循"割之弥细，所失弥少"的思想，一直分割到了内接正 1536 边形，得到了 3.1416 的结果。

求圆的面积也是极限思维的绝佳案例。可以把圆分成一个个小的扇形，例如图中的 OA_1A_2，当分的扇形个数足够多时，每个扇形的面积就近似于三角形 OA_1A_2 的面积。

由于三角形 OA_1A_2 的面积是 $\frac{1}{2} \times A_1A_2 \times OH$，当接近于三角形时，底边 A_1A_2 的长度接近于弧长 A_1A_2，高 OH 的长度近似于半径 R。整个圆的面积就是 $\frac{1}{2} \times$ 圆周长 $\times$ 半径 $= \pi R^2$。

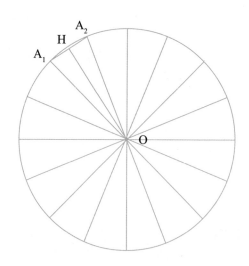

圆的奥秘

圆恐怕是这个世界上最完美的图形了。中国人做事追求"圆满"，家庭追求"团圆"，这些都与圆密不可分。

事实上，从数学的角度，圆不但是视觉上最美的图形，还是最经济的图形。不信？可以思考下面的问题：

问题1 给你一段定长的篱笆，让你随便圈一块地，怎样才能圈出最大面积的土地？

问题2 为什么蒙古包的底面是圆形的？

这两个问题的答案都是同一个：在周长固定的前提下，所有的图形中，圆的面积最大。

当然，证明这一命题，需要比较复杂的数学知识。这里就简单地以正方形为例，比较一下周长相同的前提下，是正方形的面积大还是圆的面积大。

设绳子长为 L，

对于圆形：$2\pi R = L$，$R = \dfrac{L}{2\pi}$，于是面积 $S_{\text{圆形}} = \dfrac{L^2}{4\pi}$

对于正方形：边长 $a = \dfrac{L}{4}$，于是面积 $S_{\text{正方形}} = \dfrac{L^2}{4^2}$

因为 $\pi < 4$，所以 $4 \times 4 > 4\pi$

所以 $\dfrac{L^2}{4\pi} > \dfrac{L^2}{4^2}$

因此 $S_{\text{圆形}} > S_{\text{正方形}}$

因此，在周长固定的前提下，圆形圈出的面积最大。而在同样布料的情况下，蒙古包的底面做成圆形时内部的面积更大。

最后，记得在 3 月 14 日 15 时 9 分 26 秒和 3 月 14 日 15 时 9 分 27 秒之间吃一个派，以庆祝圆周率日哦！

怎么让孩子理解芝诺悖论

一尺之棰, 日取其半, 万世不竭。
——《庄子·天下篇》

数学是错的吗

一天晚上, 旧一边洗漱一边说: "我总感觉数学是错的。" 听到这个, 我很惊讶, 也有些心慌。难道我把他引到歧途上去了? 我忐忑地问他为什么, 他说之前我给他讲过芝诺悖论, 他越想越觉得芝诺讲得有道理。

什么是芝诺悖论? 芝诺悖论是古希腊数学家芝诺提出的一系列关于运动的不可分性的哲学悖论。其中最著名的一条是 "阿基里斯跑不过乌龟"。

阿基里斯 (又名阿喀琉斯) 是古希腊神话中善跑的英雄。他怎么能跑不过乌龟呢? 请看芝诺是怎么诡辩的。

在阿基里斯和乌龟的竞赛中, 阿基里斯的速度为乌龟的 10 倍, 乌龟在前面 100 米处开始跑, 他在后面追, 但永远不可能追上乌龟。因为在竞赛中, 追赶者首先必须到达被追赶者的出发点。

当阿基里斯追到 100 米时, 乌龟已经又向前爬了 10 米, 于是, 一个新的起点产生了; 阿基里斯必须继续追, 而当他追到乌龟爬的这 10

米时，乌龟又已经向前爬了 1 米，阿基里斯只能再追向那个 1 米。

就这样，乌龟会制造出无穷个起点，它总能在起点与自己之间制造出一段距离，不管这个距离有多小，但只要乌龟不停地奋力向前爬，阿基里斯就永远也追不上乌龟！

为了让问题更具有亲和力，我把阿基里斯改成了兔子，于是这个结论变成了兔子即使不睡觉也追不上乌龟。按照上面芝诺的解释，旭认为事实上兔子确实追不上乌龟。但是，按他们最近数学课上学的追及问题，时间 = 距离差 ÷ 速度差，却可以精确算出兔子追上乌龟的时间！两者矛盾了，所以他认为数学是不对的。

好吧，芝诺确实厉害，小孩子很容易就被他的节奏带歪了。确实，理解无限小和无穷大对孩子是一道坎。我们知道，芝诺悖论的问题在于他认为无限多个量之和是无穷大。但学过数列后我们清楚，一个无穷项数列满足一定条件时，这个数列各项之和可以是有穷的，比如无穷等比数列 $\frac{1}{2^n}$（n=1，2，…）之和为 1。但以这种方式给孩子解释无异于对牛弹琴。

怎么让孩子理解芝诺悖论

如何才能用孩子易于理解的方式把这个问题解释清楚呢？旭喜欢吃必胜客的比萨，我临时想出一个分比萨的方法。

保守一点，假如兔子的速度是乌龟的两倍：兔子的速度为 2 米 / 秒，乌龟的速度为 1 米 / 秒，起初乌龟在兔子前面 1 米的地方。

那么兔子第一次要花 $\frac{1}{2}$ 秒到达乌龟的地方，此时乌龟爬了 $\frac{1}{2}$ 米，即在兔子前面 $\frac{1}{2}$ 米处。

兔子再次到达乌龟上一次所在位置要花 $\frac{1}{4}$ 秒，此时乌龟又爬到兔子前面 $\frac{1}{4}$ 米处。

兔子再次到达乌龟上一次所在位置要花 $\frac{1}{8}$ 秒，此时乌龟又爬到兔子前面 $\frac{1}{8}$ 米处。

如此反复……

所以，兔子花费了 $\frac{1}{2}+\frac{1}{4}+\frac{1}{8}+\frac{1}{16}+\cdots\cdots$ 这么多秒时间来追乌龟，这个求和里面有无穷项。

下面是最关键的，怎么解释这无穷项的和是定值？

采用切比萨的方法解释如下：

一块比萨，先一分为二，得到两个$\frac{1}{2}$块。

再把其中的一个$\frac{1}{2}$块一分为二，得到两个$\frac{1}{4}$块。

再把其中的一个$\frac{1}{4}$块一分为二，得到两个$\frac{1}{8}$块。

如此循环往复，可以一直分下去。

从而，所有切出的比萨块之和就可以表示成$\frac{1}{2} + \frac{1}{4} + \frac{1}{8} + \frac{1}{16} + \cdots\cdots$

但不管怎么切，它本来就只有一块比萨，不会多出来啊！

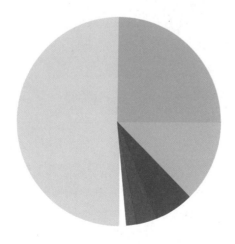

到这里，孩子终于若有所思地点了点头，可以睡个安稳觉了。

李政道有句名言："艺术与科学，都是对称与不对称的巧妙组合。"对称现象在大自然中随处可见，对称所具有的内在美感使其在古今中外的各类设计中被运用得淋漓尽致。对称是一种美，也是一种思维。你知道有哪些轴对称和中心对称的汉字吗？怎么在摆硬币的游戏中获胜？玩斯诺克桌球时怎样击球才能不被罚分？这一章将带你用对称思维去解决不同类型的问题。

九 对称思维

生活中的对称美与对称思维

> 美的线条和其他一切美的形体都必须有对称的形式。
> ——毕达哥拉斯

引子

对称是一种美，也是一种思维方式。

谈到对称，孩子的第一反应是左右一样，也就是我们数学中所说的轴对称图形。顾名思义，将这种图形沿着某条轴对折，则两边会完全重合在一起。生活中这样的轴对称图形比比皆是，如天坛祈年殿和蝴蝶。

对称图形

对称的概念源于数学（更确切地讲是欧几里得几何）。实际上，小学从二年级开始就有镜面对称的问题。例如，如果从镜子中看到的时间是 9:35，实际的时间是几点几分？

镜面对称是三维空间中的对称。如果仅仅在二维平面中，我们通常所说的对称包括三种：轴对称、中心对称、旋转对称。

顾名思义，轴对称就是图形沿着某条线（轴）呈对称，相应的图形被称为轴对称图形。在平面内，把一个图形绕着某一点旋转 180°，如果它能够与原图形完全重合，则称这一个图形为中心对称图形。所谓旋转对称，是指将图形围绕着某个定点旋转一定角度后（＜360°），与初始图形完全重合，这种图形被称为旋转对称图形。按照这一定义，中心对称是旋转对称的一个特例，即旋转 180° 与原图形重合。

按照上面的定义，下面的正多边形哪些是轴对称、中心对称和旋转对称图形呢？

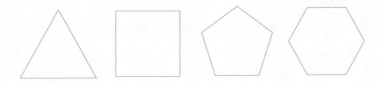

行走在路上，很多家长会教孩子识别各种汽车的标识，此时完全可以更进一步，教孩子判断一下各个标识作为平面图形的对称性。例如，下面这些汽车标识，轴对称、中心对称和旋转对称的图形分别如下：

轴对称图形：b, c, d, e, f

中心对称图形：a, g

旋转对称图形：a, b, f, g

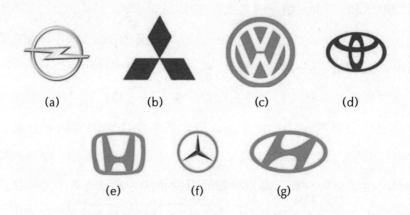

(a)　　　　(b)　　　　(c)　　　　(d)

(e)　　　(f)　　　(g)

语言文字也讲究对称性，比如，对于 26 个英文大写字母，轴对称和中心对称的字母分别有：

轴对称字母：A、B、C、D、E、H、I、K、M、O、T、U、V、W、X、Y

中心对称字母：H、I、N、O、S、X、Z

有一道找规律题是这样的：

H　I　N　O　（　）　X　Z

我曾经尝试着把字母变成对应的 1～26 中的数字编号，企图寻找其数字规律，但无果。最后才发现，应该从几何形状着手，上面的字母都是中心对称的，因此括号内应该填 S。

汉字的对称性也是有趣的话题。我们的许多汉字都是轴对称的，天然具有一种对称美。我们随便就可以举出多个轴对称的汉字，譬如：中、日、口、曾、田、由。其中有些汉字既是轴对称，又是中心对称的，如日、口、田。这里还有一个更难的问题便是：请举出仅仅是中心对称但不是轴对称的汉字。我曾经用这个问题问过许多人，没有一个人能答上来。对于这个问题，我能想到的有两个汉字，分别是"互"和"卍"（wàn）。有兴趣的读者不妨再想想，还有没有其他答案。

从对称的意义讲，最对称的平面图形是圆形，它既是轴对称图形，又是中心对称图形，而且对于任意角度都旋转对称。因此，圆给了我们无与伦比的美感。

对称策略

我曾经给小朋友讲解数学与思维中的游戏策略，其中有道题颇为有趣：

假设有足够多的1分、2分和5分硬币（硬币大小不一样），甲、乙两人轮流往一张长方形桌面上摆放硬币，要求每次只能放一枚硬币，硬币不能重叠，最后无法放硬币的人就算输（输赢的规则是谁第一个发现桌上没有位置可放硬币时就输了），请问谁有必胜策略？

小朋友们叽叽喳喳，一开始齐声喊"难"。在我的一再鼓励下，有两个小朋友说可以先往中间放一枚硬币。那么，下面该怎么放呢？我继续引导和鼓励，小朋友们给出了多种方法。

他们的方法大致如下：甲先在长方形中心放任意一枚硬币，乙在桌面上摆放任意的硬币（如图中的空心圆圈），则甲在对称的位置摆放一枚同样的硬币，具体可以摆放在①、②、③中的任一位置。因此，甲有必胜的策略。

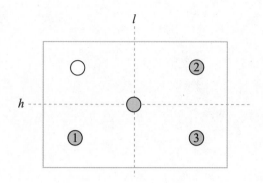

但是，真的都可以吗？其实，小朋友们的 3 种摆放位置对应了两种不同的对称策略：轴对称与中心对称。如果采用轴对称策略，那么，假如乙将硬币摆放在如下图所示的轴上，则甲就无法再摆放了。因此，甲应该采用上图第③个位置所示的中心对称摆放策略。在这一策略下，只要乙有地方放硬币，甲一定可以在中心对称的地方放一枚同样的硬币，因此，甲一定可以立于不败之地。

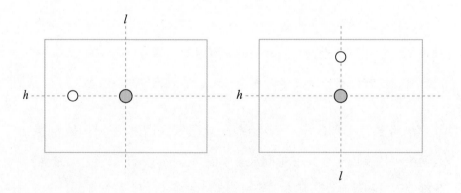

这个问题让我想起了前几年的围棋人机大战，在柯洁首战输给 Alpha Go 后，网上有言论说柯洁可以采用模仿棋来应对 Alpha Go。虽然最后柯洁并未采用这一方法，但模仿棋确实蕴含了对称的思想。正好那段时间在学围棋，我就顺带利用模仿棋给他解释了一下中心对称的概念。

执黑棋的先行者可以第一步下天元（即棋盘最中心的位置），然后白棋走哪儿，黑棋就跟着走对应的中心对称的位置，最后形成一盘黑白方对称的棋局。这一棋法里还有一个故事：

传说大文豪苏轼干啥都行，就是棋艺不精，他的小儿子苏过下得一手好棋。一次，苏轼跟儿子下棋，他第一手下天元，然后随儿子的对角、对边着子。苏过惊问："这是什么棋？"苏轼笑曰："这是东坡棋。"因此，模仿棋又名"东坡棋"。

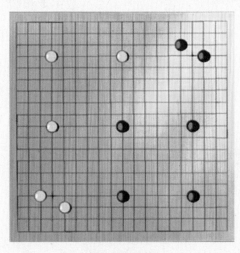

模仿棋示意图

取数游戏也是一个有趣的策略游戏，一个代表性的问题如下：

现有两堆石子，分别为 35 枚和 89 枚，甲、乙两人轮流取石子，每人可以从其中一堆取任意多枚石子（至少为一枚），但不能同时从两堆中取，甲先取，乙后取。谁先无子可取，则对方获胜，请问甲有无必胜策略？

这就涉及对称思维，甲可以先取 89 − 35 = 54 枚石子，从而剩下两堆石子都是 35 枚，那么无论乙取多少枚，甲都可以从另一堆采取与乙相同的策略，保证剩下的两堆石子数量一样多。从而，只要乙有石子可以取，甲也有石子可以取。因此，甲有必胜的策略。

在解决数学问题的过程中，很多时候我们也可以利用问题本身具有的对称性，简化整个过程，省去不必要的烦琐。举个简单的例子：

请问 0，1，2，2，3 这 5 张卡片可以组成多少个不同的 4 位数？

如果采用枚举法解决这个问题，那么数字 1 和数字 3 就具有对称性，也就是千位是 1 的 4 位数的个数和千位是 3 的 4 位数的个数是一样多的。因此，枚举完千位为 1 的所有 4 位数后，千位为 3 的 4 位数就无须再枚举了。

许多代数表达式都具有对称性，例如 $a^2b^2c + b^2c^2a + c^2a^2b$，如果我们交换 a，b，c，即令 a = b，b = c，c = a，那么表达式仍然不变。这种内在的对称性将会有助于我们解决问题。

对称美

对称在大自然中随处可见，例如枫叶、人体。对称所具有的内在美感使其在古今中外的建筑中呈现得淋漓尽致，比如大家所熟知的故宫平面图和太和殿造型图。

古人在装饰中也很早就学会了充分利用和展示对称美。德国数学家魏尔在《对称》一书中对摩尔文化、古埃及和古中国装饰艺术品中的对称性进行了分析。在二维装饰图案中，总共有 17 种本质上不同的对称性。作者说，在古代的装饰图案中，尤其是古埃及的装饰物中，能够找到所有 17 种对称性图案。到了 19 世纪，有了变换群的概念以后，人们才从理论上搞明白确实只有 17 种对称的可能性（波利亚证明了这一点），而古人确实穷尽了所有这些可能。

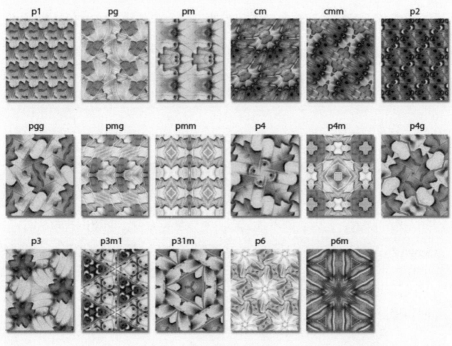

17 种对称图案

此外，对称还被广泛用于文学创作，例如诗歌和对联中的对仗。类似于"落霞与孤鹜齐飞，秋水共长天一色""乱花渐欲迷人眼，浅草才能没马蹄""千山鸟飞绝，万径人踪灭""野径云俱黑，江船火独明"，这些诗歌名句无不体现了对称美。

除了本身所具有的美感，对称也上升到了哲学的高度而被人们津津乐道。

古希腊人十分留意各种对称现象，他们创立了一种学说，认为世界一切规律都是从对称发展而来的。他们觉得最对称的东西是圆，所以把天文学中的天体运行轨道画成圆，接着圆上加圆，最后就发展为天文学。

通常，对称与平衡有着天然的联系。对称的思想也推动了数学的发展，比如，减法之于加法，除法之于乘法，开方之于平方，对数之于指数，虚数之于实数。正是对称的思想促成了这些数学运算和概念的诞生。

但是，无论对于科学还是艺术，对称性都涉及不同的方面和层次。不同方面指对称的多样性，而不同层次指对称性依赖于物质层次或者观念层次，在不同的层次上对称性可以很不相同。以人体为例，外表是左右对称的，但内脏则不是，心脏通常靠近左侧。李政道有句名言："艺术与科学，都是对称与不对称的巧妙组合。"

中国古代的太极图是对称哲学的集中体现。阴中有阳，阳中有阴，阴阳相合，相生相克。

硬币的两面与奇偶性

颇烦文章妨大道，却从奇偶玩先天。
——丁鹤年

引子

前面一篇文章提到了中国道家太极的阴阳互抱。"阳卦奇，阴卦偶"，其实《易经》中也包含了数学的奇偶思想。

翻硬币游戏

一次，我拿出一把硬币，跟旸玩了下面这个翻硬币的游戏：

5 枚硬币正面朝上，每次翻转其中的 4 枚，那么，能否在翻动若干次后，使 5 枚硬币都正面朝下呢？

旸尝试了好一会儿，也没能成功。事实上，这是不可能的。原因在于：每枚硬币要从正面朝上变成正面朝下，需要翻动 1 次、3 次、5 次或更多，即奇数次，而翻动偶数次则不会改变硬币的朝向。意识到这一点，再加那么一点儿全局观，就能解决这个问题。

每枚硬币翻动奇数次后从正面朝上变成正面朝下，一共 5 枚硬币，要全部变成正面朝下，总共翻动硬币的次数是 5 个奇数相加，结果应为奇数。而每次翻动 4 枚硬币，不管翻多少次，翻动硬币的总次数都是 4

的倍数，为偶数。因此，上述翻法是不可行的。

稍微改一下，如果有 4 枚硬币正面朝上，每次翻动 3 枚，能否经过若干次翻动，使得所有硬币都正面朝下呢？

昀试了一会儿，发现翻动 4 次是可以的。我又给了个问题，4 次是最少的吗？能否翻动 3 次就把所有的硬币全部变成正面朝下呢？按照上面的思路，每次翻动 3 枚硬币，翻动 3 次，一共翻动了 9 次硬币。而每一枚硬币从正面朝上到正面朝下，需要奇数次翻动，要让 4 枚硬币全部正面朝下，翻动的硬币总次数是 4 个奇数相加，应为偶数。因此，翻动 3 次就使所有硬币都变成正面朝下是不可能的。

奇偶数的用处

有人可能会认为，上面这个是专门为数学竞赛炮制的问题，对普通小学数学用处不大。这就错了，懂一点奇偶数的知识，对小学生可是大有裨益的。

昀在学乘法的时候，有一次，我检查他作业时发现了下面这样一道题目。

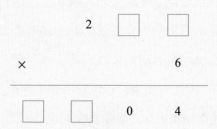

昀给的答案是 $234 \times 6 = 1404$，其实他还漏掉了一个答案：$284 \times 6 = 1704$。

按照我一贯的想法，在重视结果的正确性的同时，更应重视思考过程。一位数乘以 6 的得数个位为 4，这个一位数除了 4，还有 9（6×9＝54）。为什么答案中没有出现 2□9? 当然，可以一个一个试，但如果有一点奇偶数的知识，则可以简化这一过程。如果个位填 9，则乘法进位 5，此时由于 6×□必然为偶数，偶数加上进位 5 必然是一个奇数，不可能是 0（偶数）。

奇数与偶数的特征

对于奇数和偶数，大家再熟悉不过了，能被 2 整除的是偶数，不能被 2 整除的是奇数。整个整数序列，奇偶是相间出现的。

清代郑观应的《盛世危言》卷一《通论》中对奇偶性做了很好的诠释：盖道自虚无，始生一气，凝成太极。太极判而阴阳分。天包地外，地处天中。阴中有阳，阳中有阴，所谓"一阴一阳之谓道"者，是也。由是，二生三，三生万物，宇宙间名物理气无不罗括而包举。是故，一者奇数也，二者偶数也。奇偶相成，参伍错综，阴阳全而万物备矣。

读到最后一句，我不禁感叹古人对于奇偶性的深刻理解：奇数和偶数，既相互对立，又相辅相成，构成了万物。

奇数和偶数的运算具有下述简单特性：

奇数 ＋ 奇数 ＝ 偶数

奇数 － 奇数 ＝ 偶数

偶数 ＋ 偶数 ＝ 偶数

偶数－偶数 ＝ 偶数

奇数 ＋ 偶数 ＝ 奇数

奇数－偶数 ＝ 奇数

奇数个奇数的和为奇数

偶数个奇数的和为偶数

奇数 × 奇数 ＝ 奇数

奇数 × 偶数 ＝ 偶数

活学活用奇偶特征

别小看上面这些简单的知识点，如果加以活学活用，则威力倍增，能解决很多复杂的问题。比如下面这个问题：

如图，每个靶子下面的数字即是射中该靶子的得分。请问射击下列哪 3 个靶子能使得分等于 50？

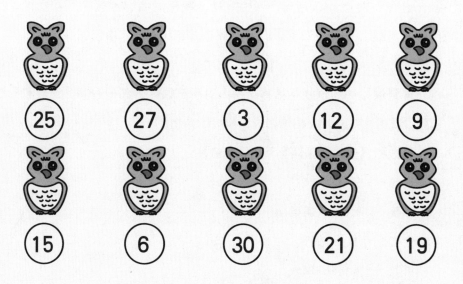

眼力好的也许瞬间就可以找出一个答案，但眼力不好的可能许久都没有答案。但能不能把所有的答案都找出来？这就不仅仅是眼力好可以做到的。有人会说：当然能了，前面不是讲过有序思维吗？按序罗列所有 3 个数的组合不就行了？这也是大部分人的第一想法。

但是，10 个数字选 3 个，有 $C(10, 3) = \dfrac{10 \times 9 \times 8}{1 \times 2 \times 3} = 120$ 种，罗列所有组合还真有点儿费劲。怎么才能缩减枚举的次数呢？

再仔细观察一下这 10 个数，其中大部分都是奇数，只有 6、12、30 为偶数。我们不妨按照奇偶性分为两类。另外，为了有序地枚举，对每一类都从小到大排序，得到：

偶数：6、12、30

奇数：3、9、15、19、21、25、27

好了，3 个数相加要得到 50（偶数），则只能是"偶 + 偶 + 偶"或"偶 + 奇 + 奇"的组合，不可能是 3 个奇数，或 2 个偶数与 1 个奇数。

利用这么小小的奇偶数知识，我们就去掉了好多组合，如 3 个奇数组合为 $C(7, 3) = \dfrac{7 \times 6 \times 5}{1 \times 2 \times 3} = 35$ 个，两偶一奇组合为 $3 \times 7 = 21$ 个。

下面就是有序地去尝试了。

（1）3 个都是偶数，$6 + 12 + 30 = 48$，不行；

（2）偶数为 6，两个奇数中最小的至少应为 19（如果是 15，另一个最大为 27，加起来也只有 42），其中有一个正确答案是 $6 + 19 + 25 = 50$；

（3）偶数为 12，最小的奇数必然小于 19（否则，两个奇数之和至少为 19 + 21 = 40，再加 12 就超过 50 了）；

（4）偶数为 30，则最小的奇数必然小于 9（否则，两个奇数之和至少为 9 + 15 = 24，再加 30 就超过 50 了）。

计算机中的奇偶性

奇偶性不仅用在平时的数学解题中，而且在计算机中也颇有用处。

二进制是用 0、1 两个数字表示的数，被计算机所采用。但在数据传输的过程中，有时会出现传输错误，比如把 0 误传成 1，或反之。那怎么才能知道接收到的二进制序列是正确的还是错误的呢？

一个简单的办法是采用奇偶校验。在二进制中，奇数和偶数的判断很简单：末位是 0 为偶数，末位是 1 为奇数。

奇偶校验很好理解。比如 00101101 这个二进制序列，如果从右往左数第 3 位的 1 变成了 0，则传输的序列变成了 00101001。如果仅仅传输数据，接收端没法判断是否出现了传输错误。但是，如果我们增加一个额外的校验位，就可能检测出传输错误。

那么，这额外的校验位应该是 0 还是 1 呢？简单地说，数一下原来的数据中有多少位是 1，如果有偶数位是 1，则这个额外的二进位为 0，否则为 1。对于 00101101 这个例子，由于其中包含 4（偶数）个 1，则额外的奇偶校验位是 0，传输的数据变成 001011010（最后一位为校验位）。

这时候，假设传输过程中某一位出错了，比如从 0 变成了 1，或从 1 变成了 0。由于原来有偶数个 1，无论是某个 0 变成了 1，还是某个 1 变成了 0，1 的个数都将变成奇数个（比如 00101001），而校验位 0 表示数据中应该有偶数个 1 才对，因此接收到 001010010 时则说明接收到的数据一定是出错了 ①。

当然了，奇偶校验正确并不一定代表数据传输没有出错。如果传输的数据中有两位出错了，那么假设原来有偶数个 1，两位出错的情况有 3 种：

两个 0 变成两个 1：1 的个数增加 2；

两个 1 变成两个 0：1 的个数减少 2；

一个 0 变成 1，另一个 1 变成 0：1 的个数不变；

无论是以上哪种情况，奇偶校验的值都不改变。因此，奇偶校验没有办法检测出两个（或偶数个）二进位出错的情况，但可以检测出一个（或奇数个）二进位出错的情况。

最后，以一个题目结束本文：

甲盒中放有 180 颗白色围棋子和 181 颗黑色围棋子，乙盒中放有 181 颗白色围棋子，每次任意从甲盒中摸出两个棋子，如果两颗棋子同色，就从乙盒中拿出一颗白子放入甲盒；如果两颗棋子不同色，就把黑子放回甲盒。那么拿多少次后，甲盒中只剩下一颗棋子，这颗棋子是什么颜色的？（答案和解题思路可在作者公众号"旺爸说数学与计算思维"中获取）

---

① 实际传输时，校验位和数据位一样可能会出错，校验位不符意味着数据本身传输出错或校验位传输出错。

斯诺克解球与对称

传说亚历山大城有一位精通数学和物理的学者，名叫海伦。一天，一位罗马将军专程去拜访他，向他请教一个百思不得其解的问题：

将军每天从军营 B 出发，先到河边饮马，然后再去河岸同侧的 A 地开会，应该怎样走才能使路程最短？

军营B

A

河流

刚学了垂线的四年级小朋友们都说应该先从 A 或 B 向河流作一条垂线，然后就近走到河边饮马，再走到 A 去开会。问题是，虽然第一段是最优的路线，但后面这一段却未必是最优的。

假如说开会地 A 不在河的这一边，而是位于河的对岸 A′，那应该怎么走呢？

这个问题所有小朋友都知道，就是从 B 到 A′ 连一条线段，与河流相交的 P 点就是使得总路程最短的点，其原因在于两点之间线段最短。但在上面的问题中，A 与 B 在河的同一侧。

实际上，如果我们把 A 沿着河流做一个对称点 A′，那么从 B 到河流任一点 P′，再到 A 的距离之和 BP′ + P′A = BP′ + P′A ≥ BA′。因此，最短的距离就是从 B 到 A′ 的线段的长度，饮马点应该在 P 点。从 B 点走到 P 点，再从 P 点走到 A 点就是最短距离。

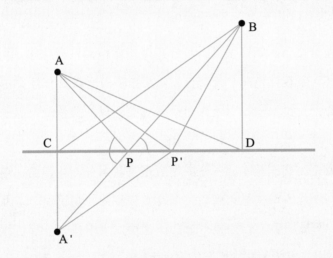

旸在学角度的时候，我不由得联想起了桌球。于是我就给他介绍了一种桌球斯诺克（Snooker）的规则。斯诺克的意思是"阻碍、障碍"，所以斯诺克台球有时也被称为障碍台球。

比赛时，选手们使用相同的主球击打目标球。共有 21 只目标球，其中，红球 15 只，各 1 分。其余颜色球各 1 只，其中黄色球 1 只，2 分；绿色球 1 只，3 分；棕色球 1 只，4 分；蓝色球 1 只，5 分；粉色球 1 只，6 分；黑色球 1 只，7 分。

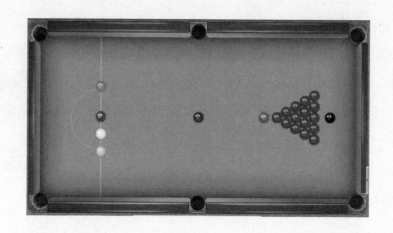

　　运动员按下列顺序击球：将红色球与其他 6 只彩色球分别交替击落袋，直至所有红色球全部离台，然后按彩球分值由低至高的顺序也至全部离台为止。一杆球之内每个入袋的活球的分值均记入击球运动员的得分记录上。

　　斯诺克比赛的基本战术是要尽量把主球留在对手没有活球可打的地方，也就是给对手设置障碍，这样做被称为"斯诺克"，而另一方则需要"解斯诺克"。如果一方队员落后对手很多分，那么设置障碍让对手被罚分就成为非常重要的得分手段。

　　怎么来解斯诺克？顶级选手当然有自己的一些绝招，例如，对包括刚体运动在内的物理运动规律的理解和实践。

　　这里我只简单介绍与几何对称有关的知识。如下图所示，如果白球 A 想击中红球 B，直接击打会被绿球遮挡。孩子很容易想到可以利用反弹击球，但具体的反弹点在什么位置呢？这是可以精确计算出来的。

反弹的一个基本特征是球的入射角等于出射角。也就是说，如果反弹点为 P，那么 ∠APK = ∠BPL。此时，P 实际上就是使得 (AP + PB) 最短的点，即上面将军饮马问题中的饮马点。也就是说，虽然球是反弹的，但如果从 A 想击中 B，依然是走最短的那条路径。

上面的例子是通过一次反弹可以击中目标球。但有些情况一次反弹无法达成目的，如果白球 A 想要击打 C，直接击打会被黄球遮挡，利用 NM 反弹击球会被紫球遮挡，利用 KL 反弹击球则被绿球遮挡。此时，就得考虑二次反弹击球。如图所示，作 A 的镜像 A'，C 的镜像 C'，直接连接 A'C'，得到与台球桌壁的两个交点 Q、R。此时，沿着 A – Q – R – C 的路径可以利用二次反弹击中 C 球。当然，也可以利用其他台球桌壁反弹击球，即解球方法不是唯一的。

如果二次反弹不行，则还有可能需要使用三次反弹。总之，打台球也需要数学。

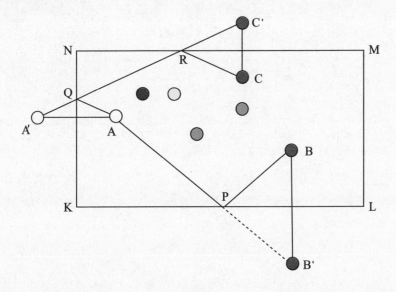

人工智能已经渗透到了我们生活的方方面面，让计算机替代人去进行计算、分析、决策已经成为不可逆转的趋势。新时代的孩子出生并成长在人工智能时代，自幼就受到计算思维的熏陶。计算思维是否就是编程？如果不学编程，能否培养孩子的计算思维？数学与编程有什么关系？许多家长都对这些问题感到疑惑。其实，在生活中加以适当引导，也能有效地对孩子进行启蒙。连环画乱了，怎么才能更快地排序？生活中怎么用只有两个人懂的暗语进行交流？盲人是怎么识别文字的？数学思维与计算思维在解决问题时有什么差异？本章通过一些有趣的案例讲解如何培养孩子的计算思维。

十　人工智能时代的计算思维

连环画为什么整理得这么慢

如果还没想清楚，就用蛮力算法。
——肯·汤普森 [1]

昀上二年级的时候，有个朋友送了他一套《三国演义》连环画，一共 60 本，非常精美。

有一次，昀在读《三国演义》连环画时，把这 60 本连环画的顺序弄乱了，直接导致的问题是他读下一本的时候需要花费不少时间去找。

他希望把这些连环画按顺序重新整理好，这样下一次要读哪一本的时候就能快速地定位。这里实际上涉及了计算机科学里的两个问题：查找和排序。

如果一堆书没有任何顺序，那么查找特定的某一本书就会很费劲。运气好，可以一次就找到所需要的书；运气不好，则可能需要把所有书都翻一遍，才能找到所需要的书。

如果将书排好顺序，那么查找起来就会迅速得多。比如，我读了第 20 本，要找第 21 本，一眼扫过去基本就能确定第 21 本在什么位置。

当然，如果是电脑来干这件事，还需要一定的规则。大家可以设想一下，如果图书馆的书籍不按照任何顺序摆放，或者字典的单词或

---

① 肯·汤普森：美国计算机科学家。

汉字不按照任何顺序排列，那么查找一本指定的书，或检索一个单词或汉字将会多么困难。

由此可见，排序是生活中的一项必备技能，同时，它也是计算机科学中一个经典问题。

我先让昍自己尝试排序，结果他花了近20分钟才排序了3本书。他采用的是计算机中所说的"选择排序"，就是先找第一本，再找第二本、第三本……

为什么他排得这么慢呢？我观察了一下，发现他是找一本，扔一本，完全没有章法。用计算机的语言来说，就是没有把连环画作为元素放在数组里。

于是，我给他提了个建议：先把连环画一排排整齐地摆在地上，然后，我和他各负责一半，分头来选择。这样既采用了规范的选择排序，又用了分治法。

昍按照我说的方法去做之后，发现速度确实加快了。不到半个小时，我们就把60本书排好了序。

我引导他思考："你用这种方法选书，速度是越来越快，还是越来越慢了？"他说："越来越快！因为在选的过程中，书越来越少了。"这便是算法复杂度分析的雏形。

在选择排序中，每次都是从剩余的书里选择编号最小的一本书，然后放到已经排好序的书的最后面。如果进行了 k 次选择，那么已经排好序的就是第 1 ~ k 本书。这里，从剩余的书里选择编号最小的一本书与运气有关。如果运气好，第一本拿到的就是编号为 (k + 1) 的书，那就不用再找了；如果运气不好，就要把剩余的书都查看一遍才可以找到编号为 (k + 1) 的书。

后来，我跟旭妈探讨这个问题时，她说还可以让孩子先任选一本，找到合适的位置插进去，使得前面的书编号比这本书小，后面的书编号比这本书大，如此反复。这便是计算机科学中所说的插入排序法。

举个例子，如果已经任意选取的 3 本书是第 3、第 7、第 23 本，而第 4 本取到的编号为 9 的书，那么就从头开始比较，由于 9 > 3，9 > 7，9 < 23，因此，我们把它插入编号为 7 和 23 的两本书之间，从而形成了第 3、第 7、第 9、第 23 本书的序列。

在插入排序中，如果进行了 k 次选取和插入，那么选出的 k 本书一定已经排好序，但并不保证这些书的编号是连续的。

之后，随机取一本书插入的时候，运气最好的情况是所选的这本书的编号比第一本书的编号还小，那么只需要和第一本书进行比较，然后将它插入第一本书之前即可。运气最差的情况是所选择的这本书的编号比最后一本书的编号都大，那么如果从头开始比较，则需要比较 k 次，然后把它插入最后一本书的后面。

再回到查找的问题。生活中，我们通常采用的是从头开始查找，也就是顺序查找的方法。如果有 N 本书，那么平均需要比较 $\frac{N}{2}$ 次。如果书已经排好序了，则采用二分查找法可以进行得很快。关于二分查找法，有一个很有趣的段子，是关于图书馆阿姨的。

有一天，阿东到图书馆借了 N 本书，出图书馆的时候，警报响了。现在假设知道其中有一本书是没有登记的，图书馆阿姨把阿东拦下，要检查哪本书没有登记出借。阿东正准备把每一本书在报警器下过一遍，以找出引发警报的书，但是图书馆阿姨露出不屑的眼神：你连二分查找都不会吗？

只见她把书分成两堆，让第一堆过一下报警器，报警器响；于是再把这堆书分成两堆……最终，检测了 $\log_2 N$ 次之后，阿姨成功地找到了那本引起警报的书，露出了得意和嘲讽的笑容。而阿东则带着一脸的疑惑背着剩下的书走了。

原来生活中也可以这么交流

没有根基也许可以建一座小屋，但绝对不能造一座坚固的大厦。

——戈德赖希

有朋友问我，怎样才能很好地训练孩子的四则运算能力。除了玩扑克牌等大家熟知的日常游戏外，我发现和昍玩过的一个加密交流游戏很值得推荐。这是一个可以让孩子们玩得乐此不疲的游戏，让做加减乘除时的枯燥乏味瞬间烟消云散。这个游戏不仅能提高孩子的运算能力，还能训练孩子的耐力以及正向、逆向思考能力。

某一天，我从办公室刚回到家，昍就塞给我一封信。我打开一看，是一串数字：

17　32　24　15　34　40　35　34　39　21　19　38　46

41　36　23　11　10　15　27　18　14　16　28　36

原来，这小子要跟我玩昨天玩过的加密游戏呢。昍妈把信拿过去看了一眼，不用看我都可以想象出她一脸茫然的样子。

加密就是把大家都看得懂的文字（即明文）变成绝大部分人都看不懂的文字（即密文）的过程。只有少数人才能把密文再转换回明文，这个过程被称为解密。

要进行加、解密，先得有一本密码对照本。

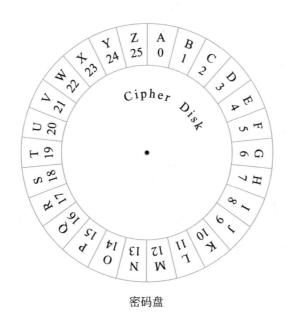

密码盘

下面是我们用的最简单的密码对照本：

A B C D E F G H I J K L M N
1 2 3 4 5 6 7 8 9 10 11 12 13 14

O P Q R S T U V W X Y Z
15 16 17 18 19 20 21 22 23 24 25 26

也就是说，如果碰到字母 A 就用数字 1 代替，如果碰到字母 M 就用数字 13 代替。这样，如果想表达 "HELLO" 这个英文单词，就可以写成下面这样神秘的数字串：8　5　12　12　15。一般人收到这串神秘的数字当然会一脸茫然。

当然，用这样简单的密码对照来做加密，是很容易就被破解的。将对照表重新随机排序，会稍微增加解密的难度，但破解起来依然是不难的。

235

比如，由于上面的加密过程中两个相同的字母对应的数字是一样的，通过对大量的密文简单地分析字母出现的频度和数字出现的频度，就能猜个八九不离十。

如果加大一点儿难度，将前后两个数相加（第一个数字前面没有数字，就假设前面的数字为0），则可以避免两个相同字母加密成同样的数字。比如，还是要加密"HELLO"，通过这一加密方式后得到：8 13 17 24 27，这个数字串就比之前的更难破解了。

如果想要再增加一点儿难度，可以用一个双方约定的种子作为第一个数前面的数，然后把第一个数与种子加起来。比如，将当天的日期约定为种子，当天是26号，那么"HELLO"加密后就变成：

明文：	H	E	L	L	O
26（种子）	8	5	12	12	15
密文：	34	13	17	24	27

如果要破解这个数字串的密文，那就首先需要知道这个双方约定的种子，解密过程如下：

密文：	34	13	17	24	27
26（种子）	8	5	12	12	15
明文：	H	E	L	L	O

注意，由于种子是不断变化的，因此同样的文字在不同的日子里密文是不同的，这进一步增加了解密的难度。

回到之前眍给我的密文，这当然难不倒我，但也着实让我花了一些时间。由于我和他约定的种子就是当天的日期（这天是8号）：

17 32 24 15 34 40 35 34 39 21 19 38

8（种子）9 23 1 14 20 20 15 19 20 1 18 20

I W A N T T O S T A R T

46 41 36 23 11 10 15 27 18 14 16 28 36

26 15 21 2 9 1 14 13 5 9 7 21 15

Z O U B I A N M E I G U O

我也给他回了一个密文，有兴趣的读者可以自行解密一下。

17 15 31 40 36 24 4 15 21 12 25 34 23 23 19 25 45 31

15 31 27 21 31 24 23 34 39

　　密码学是一门博大精深的学科。千百年来，密码学就是围绕着"加密"与"破译"这个矛盾统一体开展智慧角力，演绎出一幕幕惊心动魄的"情景剧"。第一次世界大战中，英国成功破解德国"齐默尔曼电报"。第二次世界大战中，中途岛海战的胜利、击落日本海军司令官山本五十六的座机等，都是密码学用于军事的经典案例，可以说密码学为扭转整个战局立下了汗马功劳。

　　但是，上面我们介绍的这些传统加密方案都属于"小儿科"。现代密码学建立在数论的基础之上，特别是公钥加密系统，所有的加密算法都是公开的，但即便用现在最强大的计算机，也很难在短时间内破解。常用的公钥密码系统的理论基础是大整数的因子分解问题和离散对数问题。很难想象，如果没有现代密码学，我们如何在网上传输秘密信息和进行各类网上交易。

盲文、莫尔斯电码与二进制

世界上有 10 种人 [1]，一种懂二进制，一种不懂二进制。

——网络流行语

盲文

有一次坐电梯，我和旸发现电梯的数字下面还有突出的点。仔细观察一下，每个数字下面点的个数和形状还不一样。这些点到底代表什么含义呢？一开始我也不明白，回来做了下功课，才恍然大悟。原来，这些点是给盲人触摸的"点字"。

那么，盲人到底是怎么来识别这些字的呢？我以前没有接触过盲文，没料到盲文也是使用二进制进行编码的。

盲文的发明要归功于法国盲人路易斯·布莱叶。由于盲人只能靠触

摸来识别文字，因此盲文用表面的凹凸来区分字符（实际上，只要有两种不同的形态，就可以用二进制的思想来编码字符）。布莱叶创造的文字被称为点字，这项发明为广大盲人朋友带来了福音。

---

① 10 就是二进制的 2。

布莱叶盲文用一组 6 个点来编码一个字符。这 6 个点中的每个点可以突起，也可以扁平，这样一共可以有 $2^6 = 64$ 种不同的组合。去掉全是扁平的，一共可以编码 $64 - 1 = 63$ 个不同的字符。假如每个黑色的点表示突起，白色的点表示扁平，下图给出了布莱叶盲文中主要字符的编码表示。

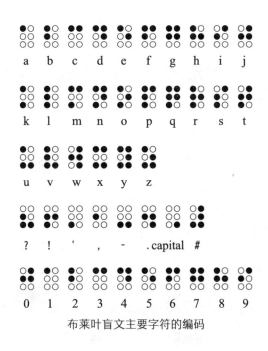

布莱叶盲文主要字符的编码

用上面的方法当然可以书写盲文，但每个单词需要用多个"点字"来表示。例如 can，需要用 3 个点字来表示（见下页图）。

目前在英文出版物中最常用的盲文系统被称为二级布莱叶盲文。二级布莱叶盲文使用了很多缩写，以便于保存树形结构和提高阅读速度。如果字母的码字单独出现，它们就表示一个普通的单词，例如，如果字母 b 单独出现，那么就表示常用单词 but。

(none)	but	can	do	every	from	go	have	(none)	just

knowledge	like	more	not	(none)	people	quite	rather	so	that

二级布莱叶盲文

为了区分拼音和数字，要在数字的点字前加一个由三四五六点突起代表的点字⠼，这样表示的才是数字。这就是在每个电梯数字下面看到的反 L 形⠼所代表的含义。

相比于正常人的识字过程，盲人在学习盲文的过程中天然地对二进制有着深刻的理解。所以，二进制并非洪水猛兽，我们比盲人多拥有一双明亮的双眼，不要让双眼蒙蔽了我们的认知。

莫尔斯电码

有一个学期，我担任了大一计算机专业新生的班导师，在与学生的沟通中，我发现好多同学觉得二进制理解起来有些困难。

我最近入手了《编码：隐匿在计算机软硬件背后的语言》一书，我和旭都读得不亦乐乎。

这里，我非常高兴给大家推荐这本二进制的启蒙书，它不仅适合计算机专业的大一新生阅读，也适合对信息学有兴趣的中小学生阅读。

这本书从一个孩子特别感兴趣的话题切入：你和你的小伙伴住在相邻的两栋楼上，站在各自房间里可以隔空相望，你们俩希望在夜晚隔空交流，但不能发出声音，以免父母知晓，恰好你们各自有一个手电筒，请问你有什么办法可以与你的小伙伴交流吗？

既然只有手电筒，那就要利用手电筒发出的信号来编码语言。假如只用 26 个英文字母组成的语言进行交流，那么一种做法就是让手电筒闪 1 次代表 a，闪 2 次表示 b……闪 26 次表示 z。

如果要表达 HELLO，可以让手电筒分别闪 8、5、12、12、15 次，总共闪的次数为 52 次。假如每个字母在语言中出现的可能性都相同，那么平均每个字母要闪 13.5 次。从而，一个由 10 个字母组成的单词要闪 135 次左右。

当然，实际情况并非每个字母出现的频率都一样。例如，a 的出现频率要远高于 z 的出现频率。因此我们在设计 a ~ z 的编码时，可以让 a 闪的次数少于 z 闪的次数（而不是反过来），这样能降低单词闪的平均次数。

但是，这种做法还是略笨了些。如果我们能让手电筒闪的时长不同，比如让手电筒的闪光具有两种形态：短闪和长闪，那么就可以用更短的信号长度来编码这 26 个字母。

例如，我们可以用一个短闪表示 a，一个长闪表示 b，两个短闪表示 c，一个短闪一个长闪表示 d，一个长闪一个短闪表示 e，两个长闪表示 f……

可以看到，手电筒闪一次、两次、三次分别有下面不同的排列情况，从而可以分别编码 2、4、8 个字母。

闪的次数	不同排列
1 次	短闪，长闪
2 次	短闪—短闪，短闪—长闪，长闪—短闪，长闪—长闪
3 次	短闪—短闪—短闪，短闪—短闪—长闪，短闪—长闪—短闪，短闪—长闪—长闪，长闪—短闪—短闪，长闪—短闪—长闪，长闪—长闪—短闪，长闪—长闪—长闪

聪明的读者可能已经猜到了，如果闪 4 次，就可以编码 16 个字母。实际上，这是一个简单的计数问题。因为每一闪都有长闪和短闪两种不同的选择，因此一共就有 $2^4 = 16$ 种排列。

这样，通过闪 1 次到闪 4 次，总共可以编码 $2 + 4 + 8 + 16 = 30$ 个不同的字符！由于英文字母只有 26 个，因此最后闪 4 次的编码我们只需要用 12 个。

从而，假如每个字母的出现频率都一样，那么平均每个字母闪的次数是 $(2 \times 1 + 4 \times 2 + 8 \times 3 + 12 \times 4) \div 26 = 3.15$。

这样，一个由 10 个字母组成的单词平均只需要闪 31.5 次，还不到 135 次的 $\frac{1}{3}$。

上面所介绍的就是大名鼎鼎的莫尔斯电码。莫尔斯电码由"电报之父"莫尔斯提出，他用横线和点两个符号来对字母和数字进行编码。下图就是莫尔斯电码表。

A	• —	N	— •	1	• — — — —	Ñ	— — • — —
B	— • • •	O	— — —	2	• • — — —	Ö	— — — •
C	— • — •	P	• — — •	3	• • • — —	Ü	• • — —
D	— • •	Q	— — • —	4	• • • • —	'	• — — — — •
E	•	R	• — •	5	• • • • •	.	• — • — • —
F	• • — •	S	• • •	6	— • • • •	?	• • — — • •
G	— — •	T	—	7	— — • • •	;	— • — • — •
H	• • • •	U	• • —	8	— — — • •	:	— — — • • •
I	• •	V	• • • —	9	— — — — •	/	— • • — •
J	• — — —	W	• — —	0	— — — — —	+	• — • — •
K	— • —	X	— • • —	Á	• — — • —	-	— • • • • —
L	• — • •	Y	— • — —	Ä	• — • —	=	— • • • —
M	— —	Z	— — • •	É	• • — • •	()	— • — — • —

莫尔斯电码表

例如，要想表示 HELLO，那么传输的就是

•••• • •—•• •—•• — — —。

当然，一个字母是用 1 个、2 个、3 个还是 4 个符号编码（比如到底是用闪 1 次、2 次、3 次还是 4 次来表示字母 a），这也是有讲究的。自然的想法是，在文本中出现频率高的字母应该用更少的符号来编码，而出现频率低的应该用更多的符号来编码，这样应该能够减少文本的总编码符号数量。事实也正是如此。

下页表格给出了一段英语文本中各个字母出现的频次。可以看到 e 和 t 出现的次数最多，对照上面的莫尔斯电码表，我们可以看到 e 和 t 恰恰也分别只用了一个符号来编码。

字母	出现次数	出现率	字母	出现次数	出现率
E	8915	0.127	Y	1891	0.027
T	6828	0.097	U	1684	0.024
I	5260	0.075	M	1675	0.024
A	5161	0.073	F	1488	0.021
O	4814	0.068	B	1173	0.017
N	4774	0.067	G	1113	0.016
S	4700	0.067	W	914	0.013
R	4517	0.064	V	597	0.008
H	3452	0.049	K	548	0.008
C	3188	0.045	X	330	0.005
L	2810	0.040	Q	132	0.002
D	2161	0.031	Z	65	0.001
P	2082	0.030	J	56	0.001

二进制与位值制

事实上，如果我们把莫尔斯电码的点看成 0，横线看成 1，那么每个字母就对应了一个二进制序列。

例如，r 就是 010。类似于十进制数逢十进一，二进制数就是逢二进一。十进制数需要 0 ～ 9 十个符号来表示，二进制数则只需要 0 和 1 两个符号来表示。其实，这里的 0 ～ 9 只是符号而已，换成 a，b，c 来表示也是一样的。

小学数学中，计算占据了很大的比例。但在我看来，整数的位值制表示才是最重要的。

所谓位值制是说一个数字在不同的位置，其代表的值是不同的。比如，十进制数 3235，左数第一个 3 代表 3×10^3，左数第二个 3 则代表 3×10。二进制数同样也是位值制表示，比如，二进制数 10010，左数第一个 1 代表 1×2^4，左数第二个 1 则代表 1×2。同样，我们可以把这一方法拓展到任意进制。

　　十进制有四则运算，二进制同样也有。十进制的四则运算中，加法逢十进一，减法不够减时要借位，借一当十。二进制的加减法中，加法是逢二进一，减法不够减时也要借位，借一当二。

编程与数学——计算思维与数学思维的碰撞

计算机没有什么用处，它们唯一能做的就是告诉你答案。

——巴勃罗·毕加索

少儿编程要不要学

有个朋友说他家孩子痴迷于玩《我的世界》这款游戏。旸曾经也很喜欢玩，但自从学了图形化编程后，他的玩法变了。

大部分孩子从小就喜欢搭积木，旸也不例外，小时候起就痴迷于乐高。没想到，原来编程跟搭乐高一样有趣。原本枯燥的程序语句在图形化编程中变成了积木块，拖拽和组合这些积木块保持了程序的结构化，免去了学习编程时出现的括号不匹配等程序结构问题。

旸在图形化编程社区中找到了一款《我的世界》游戏，整个寒假的大部分时间，他都痴迷于修改人家的源代码，改变游戏的一些行为。除了控制一下他持续看电脑的时间，我都对他不加任何干涉，任由他自己去闷头研究。

在我看来，儿童编程具有下述好处：

● 程序是逻辑思维的训练营，写程序有助于培养孩子的逻辑思维能力；

● 编程是以问题和目的为导向的，有助于提高孩子解决实际问题的能力；

● 程序的核心是算法，算法离不开数学和计算思维，编程有利于让孩子加强对数学重要性的认识，并培养孩子的计算思维；

● 程序有错就不会按编程者的意愿运行，这可以让孩子意识到粗心的危害并逐步加以改正；

● 从玩游戏到编写游戏，孩子从游戏的俘虏一跃成为游戏的创造者，这一角色的转变让孩子从本质上改变对游戏的认识，对戒掉游戏瘾大有裨益。

数学在编程中无处不在

回到数学本身。编程离不开数学，旸在这个过程中也体会了一次。

旸的老师在打地鼠游戏课后布置了一个小问题：在打地鼠的游戏中增加一种动物，比如猫，让猫和地鼠轮流出现，要求猫只出现在奇数号洞，而地鼠只出现在偶数号洞。

在他们的背景图中，一共有 12 个洞。孩子知道，程序里可以随机生成一个 1 ~ 12 中的数，但不知怎么才能随机生成一个 1 ~ 12 中的奇数或偶数，无奈之下只能向我求助了。

当然，从数学的角度看，这完全不是问题。

很多时候，数学侧重于回答能或者不能，比如著名的哥德巴赫猜想，只要回答一个合数能不能分解成两个质数的和并给出证明即可，至于怎么分解，有时候数学家并不关心。

但计算思维需要回答怎么做，或者说需要告诉很笨的计算机怎么一步一步执行，因此计算思维的重点在于问题求解的过程和步骤。

我给了旵3种做法。

第一种：随机生成一个 1～6 中的数字 k。如果需要生成奇数，则结果是 $(2k-1)$，如果需要生成偶数，则结果是 2k。

第二种：随机生成一个 1～12 中的数字 k。如果 k 的奇偶性和所需要生成的数的奇偶性相同，则直接返回 k。否则，k 的奇偶性与所需要生成的数的奇偶性不同。此时，如果 k 是奇数，则返回 $(k+1)$；如果 k 是偶数，则返回 $(k-1)$。

本质上，这种做法是把 12 个数中每相邻的两个看成一组数对，共有 $(1, 2)$，$(3, 4)$，$(5, 6)$，$(7, 8)$，$(9, 10)$，$(11, 12)$ 6 组数对，随机生成的数 k 必定落在这 6 组中的某一组中。

第三种：构造两个表 {1, 3, 5, 7, 9, 11} 和 {2, 4, 6, 8, 10, 12}。随机生成一个 1～6 中的数作为表的位置下标。如果需要奇数，就到奇数表中的对应位置去找对应的数并返回；如果需要偶数，就到偶数表对应的位置去找对应的数并返回。可别小看这一做法，它蕴含了"映射"这一在数学和计算机领域都频繁使用的原始思想。

旵做的第二个程序是大鱼吃小鱼。怎么生成小鱼的运动轨迹？这又是一个数学不需要回答但计算机需要回答的问题。小鱼下一个出现

的位置与它当前的位置相关，但又要具备随机性。孩子发现这个问题可以分解为两步来实现：

第一步，确定小鱼的运动方向，即随机生成一个 [0°，360°] 的度数；

第二步，确定小鱼在该方向的移动距离，比如随机移动 [3, 10] 中的一个随机数所表示的距离。

数学思维与编程思维的碰撞

自从学了图形化编程后，旸从去年暑假开始就嚷嚷着要学 C++，我一直没让他学，这一晃就吊了他半年多的胃口，最近终于允许他开始学一点儿。结果孩子的学习兴趣高涨，动力十足。

有人说数学好编程就好，也有人说编程好数学也差不了。没错，两者紧密关联，相辅相成，但也有一定的区别。

下面是我和旸一起讨论过的编程书上的几个例子，我都是从数学和编程两个角度来引导他思考，也算是一种别样的尝试。

例1　求 $1+2+3+4+\cdots+100$ 的和。

编程做法：我相信绝大多数学过程序设计的人都会写出类似下面的程序：

```
int sum = 0;
for(int i=1; i<=100; i++)
```

```
sum+= i;
```

这无疑就是数学家高斯小时候的同班同学在处理这个问题时的做法，但为什么我们不嘲笑这个程序？因为我们通常认为计算机的计算速度非常快，只需要告诉它一个明确的计算规则就可以了。

数学做法：这是个最简单的等差数列求和。

答案是：$(1+100) \times \dfrac{100}{2} = 5050$。如果现在我们还像高斯小时候的同班同学那样死算，则势必会被当成傻瓜。

例2 **请给出斐波那契数列 1，1，2，3，……的第 100 项。**

编程做法：这是一个经典的循环 + 迭代问题，程序如下：

```
int a=1, b=1, c;
int i=3;
while(i<=100){
        c=a+b;
        a=b;
        b=c;
        i++;
}
```

孩子需要花一点儿时间理解迭代的做法。实际上，与之前的求和类似，这也是一种穷举和递推的做法。我们知道这个问题的递推规则为 $a_{n+2} = a_{n+1} + a_n$，为了计算第 100 项，我们得把前面的每一项都计算出来。

数学做法：数学家则远远不满足于对这个计算规则的确定，他们还希望有一个通用的公式能够直接求出数列的任何一项，因此这才有了斐波那契数列的通项公式。也正因为如此，我们知道了那个著名的黄金分割数。一个整数序列的通项公式，竟然和一个无理数 $\dfrac{\sqrt{5}-1}{2}$ 联系起来了。

例3 写出下面程序的输出结果。

```
int main() {
    int i, j;
    for(i=20, j=0; i<=50; i++, j=j+5)
            if(i==j) cout<<i<<endl;
    return 0;
}
```

编程做法：看程序写输出结果，一般都是让人脑逐步模拟程序的执行，然后从有限步骤执行推导出程序的功能，最终写出输出结果。这里，i 从 20 开始，j 从 0 开始，i 每次增加 1，j 每次增加 5，当 i 和 j 相等时输出 i 的值。因此，执行了 5 次循环判断后，将输出 i 的值 25。

数学做法：如果我们把这个问题按数学的思维来解读一下，不妨这么来看：j 在起点，i 在 j 前面 20 米，j 开始追 i，j 每秒走 5 米，i 每秒走 1 米，请问 j 追上 i 时离起点多远？

这就转变成了数学中的追及问题。j 将花 $20 \div (5-1) = 5$ 秒追上 i，此时距离起点 25 米。

此处，大家可以看到，数学思维更重视转化和建模，把一个问题转化和建模为另一个熟知的问题。

例4　在大学校园里，由于校区很大，没有自行车的话，上课、办事会很不方便。但实际上，并非去办任何事情都是骑车快，因为骑车总要找车、开锁、停车、锁车等，这要耽误一些时间。假设找到自行车、开锁并骑上自行车的时间为 27 秒，停车、锁车的时间为 23 秒，步行每秒行走 1.2 米，骑车每秒行走 3.0 米。输入距离（单位：米），输出是骑车快还是走路快。

编程做法：从编程的角度，任意输入一个距离，我们可以分别算出骑车的时间和步行的时间，然后比较一下就可以得出答案。程序大致如下：

```
int d;
cin>>d;
double twalk=d/1.2;
double tride=50+d/3.0;
if(twalk<tride)
    cout<<"走路快"<<endl;
else if(twalk>tride)
    cout<<"骑车快"<<endl;
else
    cout<<"一样快"<<endl;
```

编程思维就和我们大部分人考虑问题的方式差不多，要什么就求什么。当然，上面的程序之所以说大致是这样，是因为还有点儿小问题。问题在于计算机本身的限制：受制于计算机表示数的位数限制，计算机无法精确地存储一个高精度的小数，例如一个无限循环小数或无理数，那么当两个数非常接近时可能会出问题。

一个改进的做法是，尽量不做除法。我们可以把 twalk 和 tride 两边都乘以 6，得到：

twalk6=d*5.0；

tride6=300+2.0*d；

此时，再去比较 twalk6 和 tride6 会好得多。

数学做法：首先，一定存在一个临界值 x，当距离超过这个临界值时骑车快，而小于这个临界值时走路快，如果距离恰好等于这个临界值 x，那么两者所花时间应该相等。

于是，我们可以这么来解读这道题：走路速度每秒 1.2 米，先走了 50 秒，然后骑车人开始追走路的人。骑车速度每秒 3 米，那么骑车人追上走路人时，骑了多少米？

可以看到，我们又一次把上面的问题转换成了一个追及问题。求解这个问题，走路人先走了 60 米，骑车人从开始到追上花了 $60 \div (3 - 1.2) = \frac{100}{3}$ 秒，总共骑了 $\frac{100}{3} \times 3 = 100$ 米。也就是说，如果距离恰好是 100 米，那么走路和骑车一样快；如果距离超过 100 米，那么骑车快；如果距离小于 100 米，则是步行快。

例5 为了学生的卫生安全，学校给每个住宿生配一个水杯，每

253

只水杯 3 元，大洋商城打八八折，百汇商厦"买八送一"。输入学校想买水杯的数量，请你当"参谋"，算一算：到哪家购买较合算？输出商家名称。

编程做法：如果编程，那还是直肠子的做法，即任意输入水杯的数量，我们可以先计算出到每个商家购买所有杯子的总费用，然后比较哪家便宜：

```
int cups;
double a,b;
cin>>cups;
a=cups*3*0.88;
b=(cups–cups/9)*3;
if(a<b)
    cout<<"大洋商城"<<endl;
else
    cout<<"百汇商厦"<<endl;
```

数学做法：简单分析一下，买八送一最划算的就是买 9 的倍数的杯子数，此时能达到最优的折扣，是 88.9%。这个最优折扣都比大洋商城来得高，因此根本无须计算，无论买多少个杯子，都是大洋商城划算。

这个小例子体现了数学与工程技术思维的巨大差别。我们向一些计算机会议或期刊投稿时，即便做了理论分析与论证，有些审稿人也要求做实验验证。隔壁办公室的老师是做密码学的，他们的论文则完全不同，只需给出理论证明即可。确实是这样，数学证明是最严谨的，实验验证反而受很多环境的影响，可信度要打问号。

例6 鸡兔同笼，共有头35个，腿90条，问鸡、兔各有几只？

编程做法：编程解决这类问题可以采用我们俗称的"暴力枚举"。既然共有35个头，那么鸡最少0只，最多35只，枚举一遍逐个验算即可。

```
for(int i= 0;i<=35;i++)
    if(i*2+(35-i)*4==90)
        cout << "鸡 ="<<i<< ", 兔子 ="<<35-i<<endl;
```

我们可以看到，编程做法更类似于数学中的验算，本质上是用方程建模，用枚举求解。有不少介绍编程与数学结合的课程都采用类似的案例，我认为不妥。因为这种枚举的做法仅仅利用了计算机强大的计算能力，反而会扼杀孩子的数学思维。人如果也按机器的做法去思考，是无法跟机器竞争的。从数学的角度来看，上面这种办法是很笨的。

数学做法：五花八门的解法很多，如抬腿法、假设法、方程法等。比如假设法，可以假设全是鸡，那么一共有70条腿，比实际少了20条腿。为什么会少20条腿呢？（能够反问自己为什么，我认为是最重要的一种素质。）那是因为把兔子都认为是鸡。把一只兔子当成一只鸡，就会少2条腿，所以兔子是（90 − 70）÷ 2 = 10 只，鸡是25只。

当然，也可以用方程。假设有 x 只鸡，那么兔子有（35 − x）只，所以得到方程 $2x + 4 \times (35 - x) = 90$，解得 x = 25。

例7 求 $1 + (1 + 2) + (1 + 2 + 3) + \cdots + (1 + 2 + 3 + \cdots + 10)$ 的值。

编程做法：我的第一反应是用一个双重循环来做，没想到旸的第一反应居然是用下面的一重循环。很明显，这比双重循环更简练。这实际上让计算机少干了不少活。用计算机的术语来说，就是降低了计算复杂度（另一个要考虑的是空间复杂度）。

```
int i, a=0, s=0;
for(i=1;i<=10;i++)
{
    a=a+i;
    s=s+a;
}
cout<<s;
```

数学做法：按数学思维，一开始就要把这个问题抽象化为 $1 + (1+2) + (1+2+3) + \cdots + (1+2+3+\cdots+n)$。一种做法是变成 $1 \times n + 2 \times (n-1) + 3 \times (n-2) + \cdots + n[n - (n-1)] = 1 \times n + 2 \times n + \cdots + n \times n - [1 \times 2 + 2 \times 3 + \cdots + (n-1) \times n]$，然后可以用等差数列和裂项求和公式予以解决。

例8 n 个人站成一排，从左至右，从 1 开始报数，报到 2 的倍数的人坐下；再次报数，报到 3 的倍数的人如果站着则坐下，反之如果坐着则站起。如此反复，直到最后一次 n 的倍数的人切换"站立—坐下"的状态为止。请问，最后哪些人是站立的？

编程做法：编程求解这类题，通常就是顺着题目的意思模拟执行一遍。说白了，就是利用计算机强大的计算能力在很短的时间内模拟人脑需要很长时间才能执行完的大量步骤。所以，编程思维的一个假设就是计算机算得足够快。程序大致如下：

```cpp
#include<iostream>
void main()
{
int n, i, j;
cin>>n;
int a[n+1];   //0 表示站立，1 表示坐下
memset(a, 0, sizeof(a));
for(i=2; i<=n; i++)
    for(j=1; j<=n; j++)
            if(j%i==0)
                    if(a[j]==1) a[j] = 0;
                    else a[j] = 1;


for(i=1;i<=n;i++)
    if(a[i])
        cout<<i<< "   ";
}
```

数学做法：一个人最后的状态是站还是坐，取决于他的编号是奇数个数的倍数还是偶数个数的倍数。如果他的编号是除了 1 之外的偶数个数的倍数，那么他将坐—站—坐—站—……—坐—站，最后仍然是站的；反之，如果编号是除了 1 之外的奇数个数的倍数，那么他将

坐—站—坐—站—……—坐，最后是坐着的。如果加上 1，那么上述结论正好相反，即如果一个数的因数个数是奇数，那么他最后是站着的，否则他是坐着的。

那么，剩下的问题就是：任意一个数 k，它的因数个数是偶数还是奇数呢？答案很显然，只有当这个数是完全平方数时，它的因数个数才是奇数，其余时候都是偶数。因此，最后只有完全平方数编号的人是站立的。比如 n = 120，那么最后站立的人是 1，4，9，16，25，36，49，64，81，100。

从而，解决该问题的程序便成为：

```
for(int i=1; i<=sqrt(n); i++)
    cout<<i*i<< " ";
```

考试中如果写下这样的程序，我估摸着 90% 的老师都会判为错的，因为它看上去实在背离了出题人的原意，但这恰恰是数学的魅力，也是人能胜过机器的根本原因。

数学思维是人脑和数学对象交互作用，并按一般的思维规律认识数学规律的过程。具体来说，数学思维就是以数和形及其结构关系为思维对象，以数学语言和符号为思维的载体，并以认识和发现数学规律为目的的一种思维。

计算则是从已有的符号开始，一步步地改变符号串，经过有限步骤，最终得到一个满足预定条件的符号串的过程。这里重要的是计算规则、计算过程和计算装置。

计算现在已经成为一门学科，相比于数学，它更强调构造性。在数学中，与构造性相对应的是存在性证明，这是数学学科中常用的一种证明类型，如证明某一数轴区间中存在实数解，证明某个函数可导等。构造性更强调通过一系列对象构造出某个对象，或给出某个对象的计算方法。在计算学科中，人们关注的是如何构造一个计算模型或算法，可以按部就班地经过有限步骤求解。计算思维的标志是有限性、确定性和机械性。

后记

我曾问过一些孩子下面两个问题：

数学有用吗？

大部分孩子的回答是肯定的。但是有用在哪儿，能说得上来的基本都是购物时能用上。仅此而已。

数学有趣吗？

不少孩子觉得解决好玩的数学问题比较有趣，但是对做纯粹的计算感到枯燥乏味。

孩子们对上述两个问题的回答值得我们反思：为什么孩子认为有用的数学，恰恰是计算？而且还被他们认为是枯燥乏味的？这到底是孩子的认知存在误区，还是我们的教学设计存在问题？

不可否认的是，我们自幼的数学教育过于强调加减乘除四则运算的准确率和速度，以至于让孩子不知不觉地在"数学"与"计算"之间画上等号。但四则运算只是算术的一个子集，相对于数学更只是冰山一角。

● 如何避免让孩子形成"数学 = 计算"的狭隘认知？
● 如何让孩子认识到数学更广泛的用途？

● 如何避免让孩子觉得数学枯燥乏味？

这些都是我近几年来孜孜以求试图回答的问题。

2016 年，我的一位高中同学在朋友圈发了一条消息。当时，他写下了计算等差数列求项数的数学公式 $\dfrac{a_n - a_1}{d} + 1$，并附言："我就不信这样孩子还记不住！"让我惊诧的是，这位同学的孩子和我家旭都在读小学二年级，旭只知道每天疯玩，而这个孩子竟然开始学习这么复杂的数学公式了。

相信关心孩子数学学习的家长都会熟悉下面这张图。它说得很清楚：多少个 100 最难。如果让一个二年级学生用公式 $\dfrac{a_n - a_1}{d} + 1$ 来记住到底有多少个 100，这也太勉为其难了。因为用数学符号来表示具体数字，是一种从形象思维到抽象思维的升华，孩子只有到了一定年龄之后（按照德国数学教育家克莱因的说法是 12 岁）才具有抽象思维。

261

过了一段时间，我的大学同学在朋友圈晒了某培训机构的数学讲义，其中有一段是这样写的：

追及问题

【口诀】慢鸟要先飞，快的随后追。先走的路程，除以速度差，时间就求对。

和差问题

【口诀】和加上差，越加越大；除以2，便是大的；和减去差，越减越小；除以2，便是小的。

这就更让我惊诧了。孩子多背背古诗词，或许有可能成为下一个武亦姝，但是这样学数学，绝不可能成为下一个丘成桐。数学学习，不仅要掌握解决问题的“术”，而且要理解解法背后的“道”。

我不由得开始思考“如何引导孩子学习数学”。小学阶段的基础教育是启蒙教育，不是职业技能培训。孩子的大脑也不是一个等待填充的容器，而是一支期待点燃的火把。许多不愿意把孩子送到机构学习的家长也与我当初一样觉得两难：去学，怕扼杀孩子的创造性思维；不学，又怕耽误孩子的数学思维启蒙。

在过去的三年里，我一直注重对孩子进行数学思维启蒙，在育儿过程中也遇到过很多问题，由此引发了许多思考和实践。昍妈是高校教育类杂志的编辑，她十分认同我的教育理念，也一直建议我把这种数学启蒙和学习方法与其他家长分享和交流。因此，我开设了微信公众号——xuanbamath。三年来，我们把教育孩子的心得都整理成文发布在公众号上，得到了很多家长的肯定。

我一直认为，数学源于生活、高于生活又回归生活。事实上，数学远远超越了购物结算的范畴。古希腊哲学家亚里士多德曾说："思维自疑问和惊奇开始！"如果能让孩子充满着好奇与疑问去观察生活中的现象，那么，他们就会发现数学无处不在！来自生活中的案例更能激发孩子学习与探索数学的兴趣。由兴趣驱动的学习，常常能起到事半功倍的效果，最终胜过纯靠抢跑和刷题的学习。这也是本书的主旨，即如何在生活中培养孩子的数学思维并激发其学习兴趣。很多家长都认同这个观点，但不知如何寻找素材并实施。希望这些家长可以从本书中获得素材和灵感。

教育存在于过程之中。智慧源自对生活的观察和记录，智慧的成长是一种探索与研究的过程。我们生活在南京，经常在周末去爬紫金山。紫金山的登山道有好几条，走南边的缓坡上山大约是 5 公里，走北边的陡坡登顶大约是 2 公里。我们喜欢欣赏不同的景色，每次都会换一条道上山。

解决数学问题亦如登山——目标重要，过程也很重要。我们要以研究的高度去评价各种方法的优缺点。如果孩子只重视结果带来的实际利益而对学习毫无感情，那么，他在学习过程中就体会不到任何乐趣。

由此，我按照数学思维来组织本书的各章，每一章解决问题的过程都类似于一次登山，有循着大道直奔顶峰的，有沿着小径拾阶而上的，还有踏着野路披荆斩棘的……从每一条路出发，抵达山顶的感受和收获都各不相同。从这个角度来看，本书适合小学高年级以上的学生及数学爱好者阅读。希望读者朋友读完后，或多或少可以习得一些解决未知问题的方法或找到一些共鸣。

（竹寒绘制）